[上] タイガーヒルからのカンチェンジュンガ
[下左] ToyTrain　[下右] ダージリンヒマラヤ鉄道看板

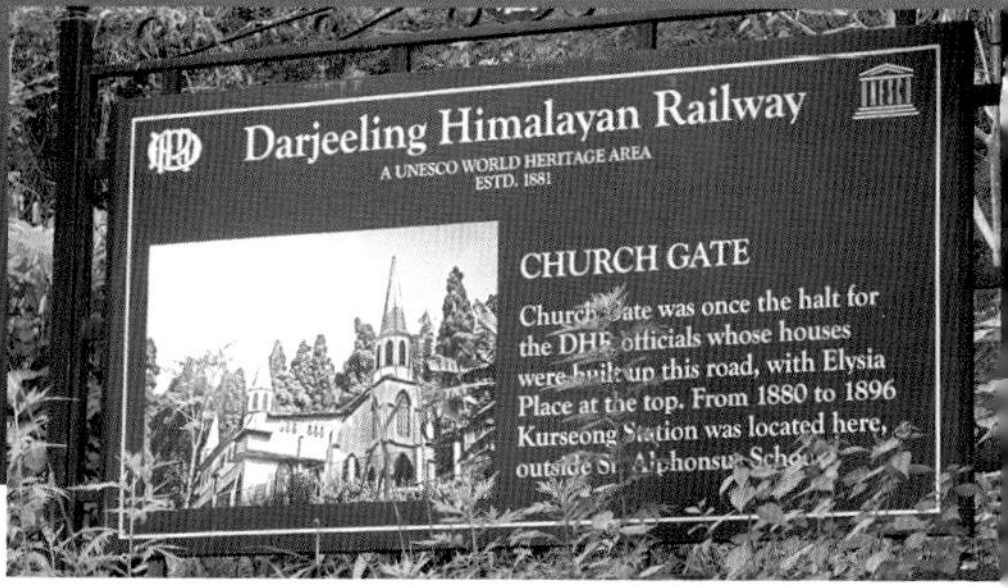

▲ [左] ダージリンのホテル Mayfair
[右] 茶摘みの女性達（ダージリンの茶園でセカンドフラッシュの時期に）

▲テイスティング室　ダージリンのシュリドワリカ茶園

▲中国福建省武夷山茶畑

▲［左］ケニア紅茶　［右］台湾紅茶

▶インドネシア　マリノ茶園

▲紅茶の街ダージリン中心地

▲ダージリンの茶園に隣接する幼稚園小学校で

▲カルカッタのチャイ屋

▶カルカッタ オベロイホテル

◀ダージリン高地の美蝶
タカネクジャクアゲハ

▼ダージリン北部にあるスーム茶園の茶畑

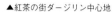

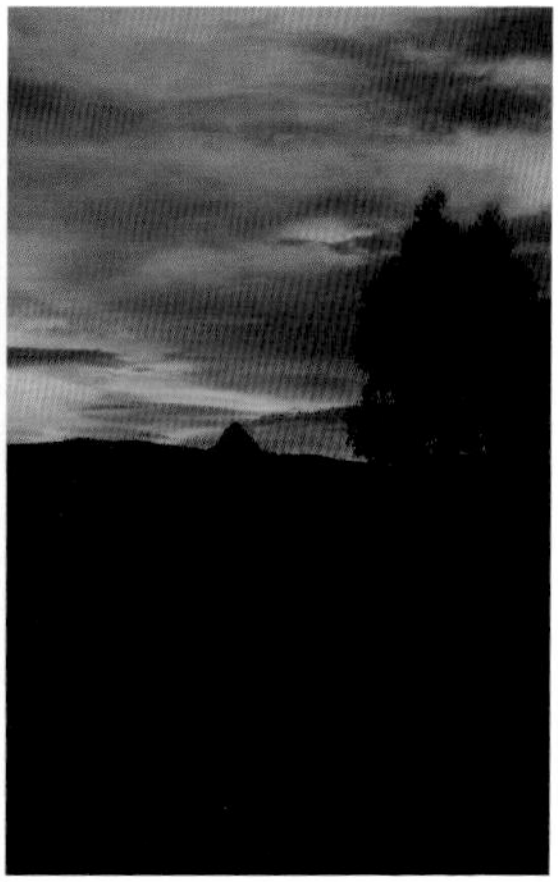

▲［右］ディンブラの茶園から眺める夕映えのアダムスピーク
［左］遅れた到着にも歓迎に感謝！ミディアムグロウン　クレイグヘッド茶園

▶ヌワラエリヤ　グランドホテルのティーウィズミルク

▲ヌワラエリヤ　ペドロ茶園で

UVA（ウバ）に向かう道中

▲名門のウバハイランド茶園に向かう

▲軽井沢のような高原別荘地
ヌワラエリヤ

▼ディンブラの茶園で

ミルクインファースト

▶クロテッドクリーム
イギリスティールーム

▶シャンパンで始まる
アフタヌーンティー

▲ロンドン初夏のパークレーン通り

▲ザルツブルグ旧市街の街並み

▲オーストリア ザルツブルグ湖水地方

▲［上］紅茶飲みの国アイルランド　ダブリンのパブ

◀ボストン茶会事件調査に上陸。アメリカ独立を成し遂げた英雄の一人サミュエル・アダムス像の前で

紅茶列車で行こう!

Take the Tea Train!

田中 哲

Tanaka Satoshi

幻冬舎MC

紅茶列車で行こう！

Take the Tea Train !

紅茶列車で行こう！　Take the Tea Train！　目次

まえがき

You must take the A train.
ユー　マストゥ　テイク　ジ　エイ　トレイン

ジャズ界・ビッグバンド界に君臨するD楽団のオープニングの名曲「A列車で行こう」を例のスウィング・リズムとグルービングなノリで歌えば、体が揺れて来る！　A列車を「Tea列車」に替え、行先もニューヨークマンハッタン・ハーレムの高級住宅地シュガーヒルから、インド・ダージリン絶景のタイガーヒルに変更だ。

この紅茶列車に乗って行けば、VIPな気分で最も早く紅茶界指折りの場所に着くことができる、エンターテインメントの旅が始まる。

これからの停車駅は、紅茶産地の本拠地インド・アッサム、ダージリン、そして大陸移動の経由地オランダのアムステルダム、紅茶の発祥中国福建省の武夷山、南インド・ニルギリ高原産の紅茶産地巡りの後に、本場セイロン島、ラグビー誕生の英国イングランド・スコットランドから紅茶飲みが多いアイルランドを周る。再びセイロン島に戻ってアップカントリーを一回り。続いて日本の隣国・台湾で紅茶を楽しんだら、オーストリアのウィーンでスイーツと紅茶、

ダージリンで大人気のトイトレイン

ザルツブルグの音楽祭をのぞいてくる。
　再び大紅茶生産国のケニアに行ったついでに野生動物のサファリも計画の後に、いよいよプライド高き紅茶文化のイギリス・ロンドンでアフタヌーンティー、歴史的一大紅茶事件のあったアメリカ合衆国のボストンへ……と、まだまだ続く。実際にそして時にバーチャルで筆者が訪れた先でのユニークな紅茶見聞録が、続いて行く。
　時空を超え、紅茶の世界では外せない必見の地の出来事も巡りながら、数多くの世界の紅茶人にも実名・匿名織り交ぜて、登場して頂こう。立ち寄り先での人々とのエピソードや、私的趣味の探訪、そして紅茶の香りや味わいに関わる考察やケミストリーに加え、健康との関わりのカギを探る生命科学的重要知見への誘い。グルメの深掘りを追求しつつ、美味しい紅茶を楽しむための紅茶コラムまで盛りだくさん。どれだけ突っ込んで行ってもまだまだ奥が深く際限がない、紅茶の真髄が見える駅はまだまだ先にあるらしい。

みんな急いで「紅茶列車」に乗り込もう

そうすれば、君もダージリンのタイガーヒルにすぐ着くよ。

紅茶見聞録の旅を始めよう！

これから始まる紅茶の旅は、筆者田中哲が、紅茶メーカーで39年の経験（商品開発・研究開発・製品生産企画・原料購買と海外サプライヤー訪問・飲料事業展開と営業開拓・品質保証など）、業界団体の日本紅茶協会での経験を通して、数多くの海外への現地訪問などで素晴らしい紅茶人と知り合えたことから、見聞録的な著書としてまとめたものである。紅茶という一見限られたビジネス世界のようで、国を跨いでの数々の貴重な経験のみならず、実にためになる人生勉強も同時にさせていただけたと考えている。今後の紅茶ビジネスでは、こんな何でも屋的なオールアバウトティーを地で行けるチャンスは、なかなかできない世の中になって来ているように思われる。いわゆる自称紅茶エキスパートによる真面目な珍道中の見聞録をぜひお楽しみいただきたい。

紅茶見聞録　その1

アッサム種　世紀の大発見

インド・アッサム州ブラマプトラ河下流域のガウハーティー上空からヒマラヤ山脈を望む

［上］アッサム茶園での茶摘み風景
［下］象が働くアッサム茶園。力持ちの象は、茶樹の抜根などの作業を行っていた

アッサム系の茶樹は、19世紀の英国植民地時代にインド・アッサム地方で発見された。それが、今や地球上のほとんどすべての紅茶産地に行き渡っている。紅茶の茶畑の統計上の生産面積から植栽密度を一平米に1本として、計算すれば、総本数は何と百億本を超える。紅茶見聞録のスタートは、まずこのアッサム茶樹発見の起源へとタイムトリップ。

1820年代半ば今から200年近く遡り、北東インド、アッサム最奥・サディアの地へと入って行く。

「あなたは何故そこまでこの木にこだわり続けるのか？　この木は中国の本物の茶とは異なると判定が下されたではないか」

チャールズ・アレクサンダー・ブルース（C・A・ブルース）は、1本の木の前に佇み、何かすごいことが起きる予感の中にいた。

つい2年前の1823年、彼の兄ロバート・ブルース少佐（R・ブルース）は、茶を食し、煮出して飲んでもいる現地先住民シンプー族についての情報を得て、アッサム奥地ラングプル（現在のシブサガル：地図参照）へと遠征する。物品の交易を経てそのシンプー族首長ビザガウムとの面会に成功。そこで遂に茶に酷似する植物を自らの目で確認した。さらにこの葉の煮出

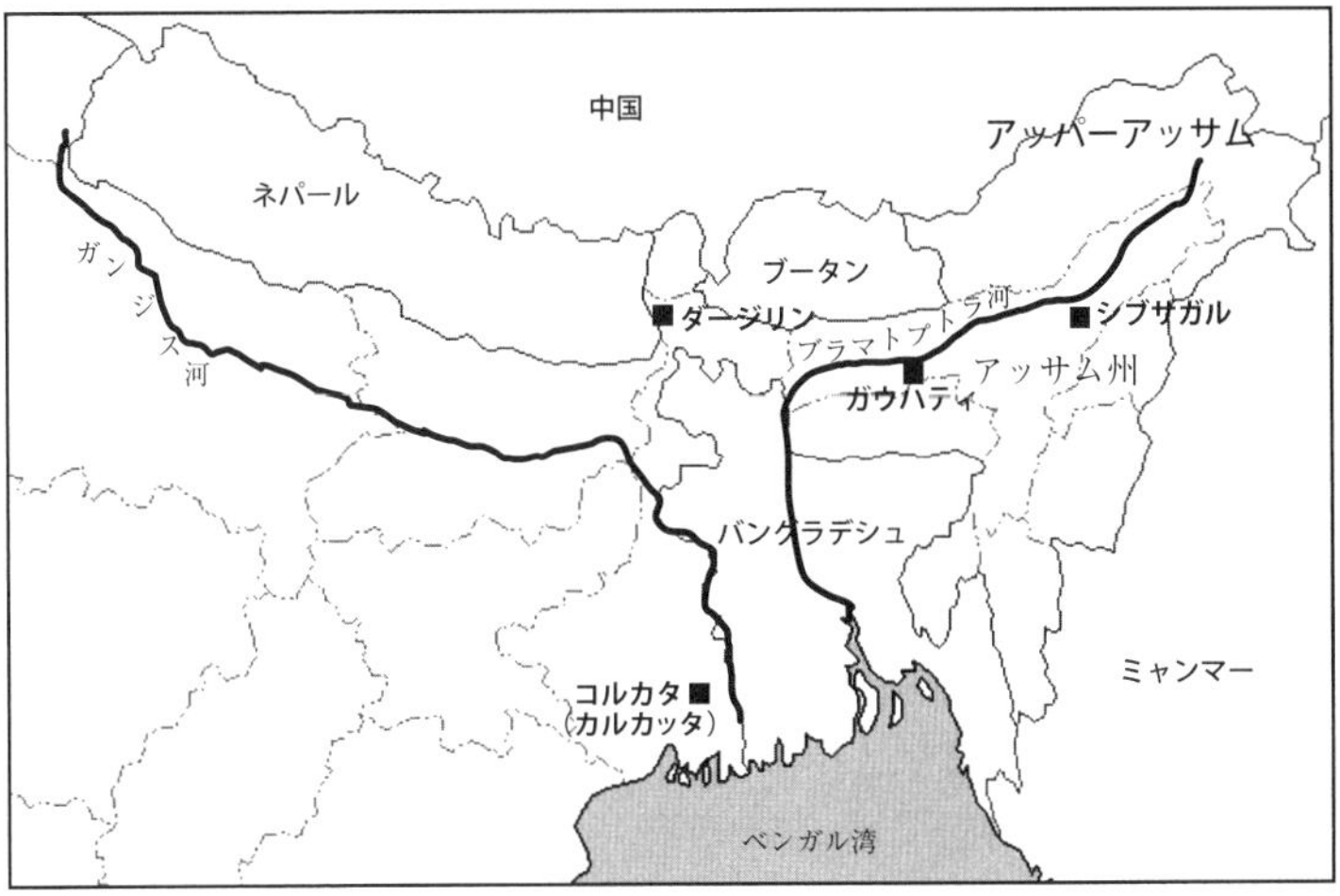

北東インド・アッサム州と西ベンガル州の概要地図
インド北東部にアッサム州（最大の都市は、ガウハティ）があり、ヒマラヤ山脈を源流とするブラマプトラ河が州内を東西に流れる。シブサガルは、アッパーアッサムといわれるアッサム州内の上流域に位置する。アッサム州の西に西ベンガル州があり、州都コルカタからダージリンへの距離は、約600kmある。（薄アミの地域は、隣国を示す。）

し汁は、ティーに似ている。

「この茶は、中国のものに匹敵する、いやそれをも凌駕するかもしれない。想像を超えた価値あるものにたどり着いた」とこの時のR・ブルースは身震いするほどの最高の獲物を手中にした気分だった。

そうして次の訪問までにこの木と種子を集めさせ、持ち出すことを確約すべく許可の文書をビザガウムから取り付けた。

夏には気温摂氏40度を軽く超え、世界一の多雨地帯に雨季が来ると大河ブラマプトラは増水、アッサム平原に洪水を引き起こし、マラリア蚊の恐怖から逃れることは難しい。馴れぬスコットランド人には過酷ともいえる気候風土である。兄のロバートは、このアッサム奥地での歴史的な出会いの翌1824年に思い半ば30代の若さで死亡する。

弟のチャールズは、ラングプルでビルマとの交戦が始まったため、兄に代わりその木の調達を首長ビザガウムに再要請。兄との約束を守り、彼から待望の木と種が彼の元に届けられた。そしてアッサム植民地弁務官であるデヴィッド・スコット大尉に一部を送り、残りの木や種は、弟のチャールズ自身のサディアの庭に植えられた。

翌年スコットは、別に自らが発見したマニプール産（アッサムの南）の茶樹らしき標品をインド政府主席書記官G・スウィントンを通じ、カルカッタ植物園ウォルリッチ博士に送り、茶であるとの確信を持って鑑定を依頼した。結果、博士からは「Camellia」即ち「ただのツバキ。本物の茶ではない」との宣告が下った。それまでは、中国産で葉が小さな中国種こそが茶であると考えられていたことから、新たに発見された葉が大きなアッサム種茶樹は、茶と同一種とは認定されなかったものと考えられる。一方でほかの専門家たちの中には、スコット大尉から持ち込まれた標品の木とブルース兄弟が発見したアッサム産茶樹とは異なるものであったのだろうと考える者もいた。結局このボタンの掛け違いがその後長い間、真のアッサム種同定作業にブレーキを掛け、丸10年間も遅らせる皮肉な結果をもたらしてしまった。

その間大英帝国への愛国心と功名心溢れる数多くの発見者たちが登場し、紆余曲折のドラマが繰り広げられる。

１８３０年代に入りいよいよインド産紅茶の誕生の機が熟す条件は、弥が上にも揃って来た。
１８３３年中国政府は、この年に期限が来た貿易条約の更新を拒否して来たのだ。即ち東インド会社による中国からの茶の輸出独占に終止符が打たれるとともに、インドでの茶栽培を阻止しようとする同社による圧力は自然に消滅した。

茶の供給の道が途絶えるという深刻な事態に直面し、インド総督 W・C・キャベンディッシュ・ベントリック卿は、中国茶樹のインドへの導入可能性とその最適栽培地につき委員会（ティーコミッティー）に諮問した。一方、C・A・ブルースは、政府が中国産茶樹を導入してその植栽を強引に進めてゆこうとする中で、その間もあくまでアッサム産茶樹にこだわっていた。

その後の結果はご推察のとおり、
「インド国内では、アッサムが紅茶栽培の最適条件候補地であること」
「この地では、中国産茶樹よりも自生のアッサム種の方が、はるかに優勢に生育し品質良好な紅茶向けの木となったこと」である。

１８３７年いよいよ、ブルースによる最初の生産品46箱がカルカッタのティーコミッティーに出荷された。このうち選別を経た３５０ポンド（約１５８kg）８箱が翌38年5月8日ロンドンに向けて出港。さらに翌39年1月10日のロンドンオークションで熱狂的歓迎に包まれ、史上初のインド紅茶は全て高値で競り落とされた。

アッサム奥地で原生の茶樹を目の当たりにし熱い夢を見つつ若くして病に倒れた兄のロバー

C・A・ブルース夫妻とその家族の墓。夫妻の墓碑

トであったが、弟チャールズはその遺志を大切に引き継ぎ、見事に夢の実現を果たした。そしてインド紅茶の発展の揺籃期を、妻エリザベスと終生アッサムで暮らすことになった。1871年78歳でブラマプトラ北岸テップルの地で亡くなった。今も妻と共に同地にあるマクロードラッセルインディア社が所有するパタグア茶園内の教会墓地に安らかに眠っている。

これがアッサム種の発見者であり、インド茶産業の父といわれるブルース兄弟のご紹介。

今宵のディナーの仕上げには、セカンドフラッシュ・ゴールデンチップアッサムをミルクインファーストで淹れるとしよう。

これぞ大英帝国紅茶といわれりゃ癪なことだが、ほろ酔い気分のリキュール後には、最高のチェイサー。

アッサム紅茶で、気分は茶人パラダイス。

［上］アッサムでの歓迎風景。パタグア茶園で

［中］アッサム州内の人々は平和で穏やかな表情に感じる

［下］街道移動時は、銃を持ったガードマンが付いた

紅茶見聞録　その2

ダージリンへの旅

ダージリンからヒマラヤ山脈を望む。
秋には、世界第三の霊峰カンチェンジュンガがくっきり見える

ダージリンは、紅茶好きならだれでも知る有名産地、紅茶狂でなくとも一度、行けるものなら行ってみたいところ。そうはいってもヒマラヤ山脈の中腹なので道中短くはないけれど、今回は読者諸氏をお連れしたい。

成田から向かうべき最初の目的地は、インド東部玄関口の歴史的商業都市カルカッタ。ここへは、バンコク経由（タイ航空）かシンガポール経由（シンガポール航空）で行くことができる。

カルカッタ空港で航空機のタラップを降りると、同時に独特の熱気が顔を覆う。薄暗い空港内で時にしつこい入国管理官や税関とのやり取りを抜けようやく外に出る。やっとインドに着いたかという感慨に浸る間もなく、不慣れな旅行者のようにボーとしていれば、どこからともなく無数の俄かポーターが体臭と共に現れ、「俺が運んでやるよ」と言わんばかりにスーツケースに手を伸ばしギュッと握って来るわ、さらに独特のかわいい目を輝やかせた裸足の子供たちに取り囲まれてしまうわ。これがインドか！

空港から車でカルカッタ市内まで向かうと、徐々に人影も多くにぎやかな雑踏となってくる。路上生活者が不思議な調和を保って暮らし、生活感溢れる光景に目を奪われる。やがてヨーロッパ調の建物も多くぐっと都会的な繁華街チョーリンギー大通りに入ると、植民地時代の雰囲気漂う一級ホテル、オベロイ・グランドに到着する。

オベロイ・グランド・カルカッタ

車寄せでターバンを巻いた貫禄あるシーク教徒のベルキャプテンの出迎えを受けると、フロントのインド美女がにこやかにチェックインを待ち受けてくれている。

いよいよ明日は、念願のダージリン。外の雑踏とは別世界のロの字型に建てられたホテル中庭にあるプールサイドでくつろぎ、インドビアーでほっと一息。

ラフな服装に着替え、スコール上がりのぬかるんだチョーリンギー通りに出れば、歩道に横たわる気の毒な姿の物乞いや、痩せた赤ん坊を抱いた母親らしき女性が憂いのある目つきで私のほうに手を差し出してくる。

"No money, Sir. No milk, Sir."

そして街の匂いは、腐ってすえたタマネギとピーマンが入り混じった様な異様な臭気。という訳で、一人歩きは少し勇気がいるかも知れぬが、ホテルを出てチョーリンギー通りから歩いてすぐの、ニューマーケットあたりを散策するのも面白い。人力自転車タクシー「リキシャ」に乗っての見物や、牛乳でインド紅茶を煮出して作るチャイを気軽に楽しむこともできる。

さて、夏には避暑地でもある観光地ダージリンは、カルカッタと同じウェストベンガル州に属するが、600キロメートル真北に位置し直ぐ西はネパールに隣接する。

翌朝の便でカルカッタからインド国内線に乗るのだが、国内線といっても搭乗の際、銃を持った軍人が警備をしており、パソコンやカメラなどの持ち物のチェックが極めて厳しい。爆発物を警戒してか、常に電池の有無を聞いてくるので「ノーバッテリー!」と返事をすることである。小一時間のフライトでダージリンの麓に位置するバグドグラ空港に着く。ここから先は、徐々に山岳地帯に入ってゆくので、ジープなどの四輪駆動車でいけば、標高2000mを越えるダージリンの中心部まで約3時間の山登りドライブとなる。カーブの多い山道を走り続け、回りがどちらを向いても起伏の有る急斜面になってきて、強引とも言えるほど見事に植えられ

ダージリンタウンもすぐそこ

た茶畑が姿を現す頃、道を行く人々の顔つきは、いつの間にか日本人に似たモンゴロイドとなっている。不思議な親しみを感じ、自分の故郷に来たのではないかという錯覚を覚える。薪を燃やす煙の臭いが、鼻にツンと感じられるようになればいよいよダージリンタウンに到着だ。

ダージリン紅茶の誕生とその真髄

ダージリンでは、その地域内にある87の茶園だけが厳密に登録されダージリンの名称を使用することが認められている。ダージリン紅茶の生産量は年間およそ8千トン前後しかない。インド全体のわずか0・6％程度でその有名さに反し極めて少ない。その中で特に優れた品質の紅茶を生み出している茶園では、温帯性小葉種である中国種（チャイナブッシュ）が90％を超える比率で植えられている。樹齢百年を越える樹もさほど珍しくはない。ここにダージリン紅茶誕生の起源に遡るヒントがある。実は英国植民地政府が19世紀に入り中国から持ち込んだ茶樹の栽培がアッサム地方で上手く行かず、行き場のなかったこの中国種茶樹がダージリン地方に持ち込まれたのであった。そしてインドではここで初めて中国産茶樹の適性が確認されるに至り、1852年頃より商業的生産が開始された。つまりこの地で栽培されたことで茶の嗜好品としての潜在的可能性を見事に発現し、世界でも稀有でユニークな香りの紅茶が誕生したのである。

クオリティーシーズンの5月後半から6月頃に茶摘み・生産されるセカンドフラッシュ（二番摘み）は、特に素晴らしい香りを持ち価格も急上昇する。そのキャラクターすなわち香味の特徴を示す〝マスカテル〟という言葉の語源はムスクだそうだが、独特の甘く魅力的な香りを持つ優良茶は、特に高値となる。高値をつける常連茶園には、キャスルトン、ジャンパナ、チャモン、グームティー、ナムリン、アンブーティア、トウムスン、リンギア、テスタバレー、スングマ、などあるが、すべて中国種優勢のエステートである。

茶樹や自然環境が微妙に異なる茶園ごとに、経験豊富な技術者が細心の注意を払って、気候条件に基づいた栽培管理を行う。その上で茶摘みを行うベストの芽伸びのタイミングを選び、萎凋工程（摘み取られた生葉を棚に広げて水分を減らし萎れさせる）から揉捻（萎凋後の茶葉

セリンボン茶園、稜線はネパール国境

をローラーという機械で揉んで紅茶へと発酵を促す）・発酵（酸化酵素を程よく働かせて発酵茶である紅茶になるまで時間を置く）・火入れ乾燥（高温にして酵素を失活させることによって発酵を止めるとともに望ましい香りと色を残しながら、水分量を約3%位まで下げる最終段階）に至る製茶工程の管理監督を行い、まるで芸術的な嗜好品としての品質を競う。その結果がオークション価格に現れる。

今年も、そろそろセカンドフラッシュが空輸で入ってくる時期になった。ベスト茶園の予想をすれば、C社が所有する数ある名門茶園の中でも一押しのプッシンビン茶園は有望で、有機茶園に転換してさらに品質充実したそうだ。

あの伝統を誇るドイツの大口バイヤーは、

1991年第一回ダージリンフェスティバルで

アンブーティア茶園のオーナーと仲がいいぞ。

英国王室につながるロンドンの名門百貨店のバイヤーは、オカイティ茶園がお気に入りだそうだ。

近年の実績で予想をするなら結局は、超有名どころのキャスルトンかジャンパナだよ。

噂も実力のうちかこの世界。

紅茶見聞録のその2が読まれる頃には、最高値のセカンドフラッシュが、決着していることだろう。

しかしながら、遠くヒマラヤの地で、丹精込めて作られたティーを紅茶のシャンペンなどと勝手に称しては、「香りがどうの、味がこうの」と講釈し順位をつけるとは、なんともいい気なものだが。

ダージリンは、やっぱり茶人のパラダイス。

紅茶見聞録　その3

欧州編　ヒルトンで朝食を

早朝の五時半、1日のティーの始まりには、夫が自ら沸かして紅茶を淹れる。たっぷりと注がれたミルクティーを飲みつつ、妻にも運んでから出勤する。それから午前八時頃に、2回目のお茶を朝食とともに勤務先で飲む。こうしてイギリスでは、寝るまでに1日10回のティータイムがあった。これは今から80年ほど前に出版された名著『オール・アバウト・ティー』にある記述で、日本の奥様族がよく羨ましがる話だが、10時間労働がきまりであった頃のこと。夫が淹れた紅茶はきっと美味しかったことだろうが、上流階級の「アフタヌーンティー」のマナーや、召使いに起床前のベッドサイドまで運ばせる「目覚めのティー」等の習慣へのあこがれが影響してか？　庶民階級にも徐々に広がり、紅茶が人々の暮らしに浸透したのだろう。

ところで私などは出勤前の慌しい時間の朝食を、楽しんでいる余裕などまず無く、起き抜けで食欲わかぬ寝ぼけ眼のまま、トースト1枚を黄色の定番ティーバッグをミルクティーにして何とか流し込む毎日。それも大抵は妻が淹れてくれるのを待っていられず、結局自分でポットを温め淹れている。まるで古き英国の伝統になっているではないか？

毎朝の余裕のなさに紅茶屋としての反省の意味も込め、今回はヨーロッパのホテルで、紅茶といえば思い浮かべるようなイメージどおり、ゆったりと優雅でおいしい時間をTea & Breakfastで楽しむことにしよう。

２００4年のゴールデンウィーク後半は、世界第二の紅茶生産国ケニアへの出張となった。ナイロビからの帰路は、オランダのアムステルダム経由で週明けはドイツ・フランクフルトへ。スキポール空港寄りに位置するヒルトン・アムステルダムを移動日の週末宿泊先としてチェックインした。なんとこのホテルで１９６９年3月にジョン・レノンとオノ・ヨーコが結婚後、世界平和を訴え7日間の「ベッドイン・フォー・ピース」をしたそうで、その時の写真が、さりげなくロビー横の壁に飾られている。そういえば当時はベトナム戦争が泥沼化の様相を呈し、アメリカからヒッピーが誕生、鳩の足跡を象ったピースマークが流行っていた。何はともあれ、ここアムステルダムで欧州紅茶事情調査の開始。

アムステルダム市内の運河と繁華街

ヒルトン・アムステルダム、運河に面し中庭にマリーナもある（＊2004年）

五月初めの土曜の夕方、チェックイン後のホテルから散歩にぶらっと出かけたが日はなかなか暮れそうもない。夜の8時も大分回ったころ、夕方の薄明かりの街中は、爆竹や鳴り物を使って大声で騒ぐ大勢の地元の人たちが、まるで反政府デモかのように叫びながら押しかけて来るのは、何やらキナ臭く、かなり薄気味悪い。しかし、少し変だ？　なぜか皆濃いオレンジ色のシャツを着ている。後でわかったことだが、彼らはフーリガン化したサッカーサポーターだったのだ。贔屓のオランダチームが勝ったか負けたか知らぬが、大柄の男達の群衆は、なんとも怖かった。

ところで話は、紅茶にもつながって、FTGFOPなど紅茶のグレードをいうときに使われるOP（オレンジペコー）のO

は、オランダの国の色オレンジに由来しているとすることが、紅茶関連の信頼できる書籍に記されているらしい。その昔（17世紀頃）オランダ東インド会社が茶の交易を仕切っていた頃から、いい紅茶にはオランダ王室にちなんだオレンジをつけて、マークしたのが、その始まりとの説だ。水色も茶葉も全くオレンジ色ではないダージリンの一番茶のグレードにも、オレンジのOをつけるのは、その説を裏付けている、とあるインドのティーマンが言っていた。

昨夜の騒ぎから一晩が明け、日曜の朝なのでゆっくり起きるつもりだったが、窓の外は早くも明るく、自然に目覚めてしまうが気分は爽快。早速一階のロベルトズ・レストランへ。中に入るとすぐ長身でハンサムなホテルマンが、笑顔で迎え入れ案内してくれる。窓に近い席に着くと若いウェイトレスが「コーヒー？　紅茶？　おいしいフレッシュオレンジジュースもいかが？」と聞いてきた。もちろん紅茶を頼み、ジュースもいただくことにする。テーブルのペーパーランチョンマットには

“Breakfast time is Hilton time”

とある。つまりヒルトンは朝食に自信ありってことだ。

しばらくするとトワイニング社製のややプレミアムなティーバッグを各種並べた木箱を持ってきて「お好きなティーをどうぞ」。濃い目で飲むべくアッサムとセイロンを各1バッグ選んで2バッグを合わせてポットに。その他、ダージリン、アールグレー、イングリッシュブレックファスト、ハーバルなどいずれも既製品のティーバッグだが、セレクションは文句なし。3杯位

は採れそうなポットでサーブし、ヒルトン特製のスリムなマグカップで飲む。朝食時のティーとしては機能的でスマートな納得できるクオリティー。

さて肝心の食事は、ホテル朝食の定番、ブッフェである。綺麗に並べられている素材は見るからに上質で見ているだけでも、楽しい。ワクワクしてプレートに食べられる分だけを選び取るのがまた悩ましい。思い出せるままに再現しよう。

まずジュースはグレープフルーツ、アップル、トマトが色鮮やかに円筒ガラスのディスペンサーに並んでおり、もちろんフレッシュミルクもある。

続いてサラダは、濃淡色とりどりのグリーンサラダ、トマト、キューカンバー、各種オリーブに絶妙な味わいのドレッシング2種。その隣にはフレッシュフルーツとしてオレンジ、リンゴ、ブドウ、プルーン、メロン、パパイヤ、バナナ、パイナップル……、食前食後にお気に召すまま。

パンは、さすがに本場ヨーロッパだけあって各種ブレッド、クロワッサン、デニッシュなど食べたすべてがホテル品質で文句なし。隣には、ストロベリー、ブルーベリー、ラズベリーなどのプレザーブ、マーマレード、ハネーにヨーグルト。

これまた本場のナチュラルチーズは惜しいが見るだけ、お次の旨い魚には、日本人はなぜか心を動かしてしまう。ビネガーを利かせたニシンのマリネや、しめ鯖風の刺身もあり、とても新鮮。定番のスモークサーモンはもちろん上物で、おいしいものは万国共通なのか、サバやサーディン（スモーク風味と塩焼き風）のグリルの味わいは和食に通じる。メインのハム・ソーセージベーコン類は、生とグリルに分けられ吟味された充実の品揃えだが残念ながら食べ切れない。

ブッフェはまだまだ続き、オーダーメイドの卵料理・野菜やパスタ・中華のホットグリル・シリアルまである。

テーブルに着けば、テラスの外の新緑の木々からやわらかな朝の陽射しが木漏れ日となっている。そしてさわやかな空気をほのかに暖め、紅茶と彩り豊かなプレートを明るく照らす。なんと心地良く贅沢なひとときだろう。

日曜朝の市内は静寂

ゆったりとした時間の中で、洗練された粋な朝食を楽しみながらのティーウィズミルクも実にエンジョイアブル。

忙中閑あり。そして自由な孤独のグルメだ。

「期待に応えるヒルトンタイム、なかなかいいじゃないか」

朝食後は、腹ごなしに近くのフォンデル公園を散歩。公園内の高級住宅とジョギングやスケートを楽しむ市民

紅茶見聞録　その4

紅茶は発明品？
それとも偶然の産物？

ティー、コーヒー、ココアは世界三大嗜好飲料といわれる。そしてティーに関して言えば、地球上で水に次いでたくさん飲まれている飲み物が、ティー、即ち紅茶である。最新のデータで、お茶全体の生産量のなんと50％以上は紅茶である。（＊1）

こんなメジャーな飲み物である紅茶の発明者は、いったい誰なのだろう？

紅茶の起源や発明に関しては、先人によってたくさんの説が披露されてきた。

茶の生葉を傷つけて放置しておくと緑色から茶褐色に変化する現象が起きる。この現象を知った誰かが、緑茶を作るのと同じ生の茶葉から、色も味も異なる紅茶が、できてくることを偶然に、思いついたのかもしれない。

のちに解明されたことだが、生葉中にある酵素の力で茶ポリフェノールが酸化発酵されて紅茶特有のポリフェノールになってくることを自然現象としてとらえたこと、つまり紅茶誕生のトリガーとなる第一の発見が起きたのだろう。

紅茶誕生の起源については、すでに諸説が存在している。一つずつ順にご紹介しよう。どれが事実か？

日本紅茶協会のティーインストラクター養成研修でも紅茶の起源については、講義で取り上げられている。

其の一は、17～18世紀頃に中国で船に積まれた茶が、イギリスに向けてのインド洋上での航海中に、発酵が進み偶然紅茶が出来上がった、というと妙にロマンを感じるが、これがいわゆる「船上発酵説」である。

ホント？　これって嘘っぽくない？

この説は尤もらしいので最初は「なるほど」と信じてしまうかもしれないが、いわば後付けの作り話であるというのが定説。

ダージリン紅茶（セカンドフラッシュ）の項で述べたように、紅茶作りの発酵プロセスは、リンゴの切り口が赤くなるのと同様のポリフェノールオキシダーゼという酵素による反応だから、一度熱で乾燥させられた緑茶には肝心の酵素活性は乏しく、仮に航海中の船上で、海水の飛沫《しぶき》の水分が与えられたとしても、茶園の製茶工場のようには、うまくは行くまい。

続いて、紅茶は、偶然の産物だったものが、東西交易の流れに乗って、海の向こうで人気になったという見方も存在する。

17世紀ごろに初めて本来の緑茶としては価値の低い、いわば出来損ないのくず茶が、中国人から茶貿易を担うオランダ商人達に売り渡された。そして、中国から英国をはじめとする欧州に運ばれていったことが始まりらしい。

名付けて「出来損ない緑茶説」。

その結果、中国人にとっては下級品の外観が黒いいわゆるBLACK TEAが、欧州ではむしろ

武夷山にある烏龍茶品種の茶畑

好まれるという意外な結果を招いた。

まるで瓢箪から駒が出たような話だが、この説は、熱心な研究者の史実調査を経て明らかとなっており、信ぴょう性が高い。

「ボヒー起源説」は、中国福建省北部の「武夷山」に由来する発酵茶ボヒー（Bohea武夷）が、紅茶の始まりに相当するものとしてあげられる説だ。

加えて、中国での紅茶の発祥と現地で公言されている「正山小種起源説」もある。崇高な武夷山をして、お茶の唯一正当な山として認め、「正山」と称し、これまた正当な烏龍茶品種である小葉種の「小種」をつなげた正山小種（別名ラプサンスーチョン）こそが、紅茶の始まりであるとの説が伝えられている。産地が武夷山なので、前述のボヒーともつながる話である。

「カングー茶起源説」は、手間暇をかけて作ったという意味の手作り紅茶カングー（Congou 工夫）が、その後にインドやセイロンで19世紀以降に大々的に作られるようになる前の中国での紅茶の前身として数えられてもいる。

こんなにもいろいろな説が出てくることは、紅茶を愛するお歴々の議論の産物なのだろう。

角山栄氏の名著『茶の世界史』によれば、イギリス東インド会社による紅茶、緑茶の18世紀の輸入統計に、英国への輸入茶の中で紅茶の割合がどんどん増えていく流れが数値として示されている。

１７２０年代には、ボヒーを中心とする紅茶の比率が45％程であったが、１７３０年代、40年代と年を追うごとに増え１７５０年代には、66％程迄になってきている。

結論は、偶然の産物だった！

東インド会社によってヨーロッパに輸出され始めた福建省武夷山付近を産地とする武夷茶（ボヒーティー）や工夫茶（カングーティー）が、発酵度が進んでおり紅茶に似ていた。

それらを作る茶農や茶職人のうちのパイオニアたる誰かが、イギリス人をはじめとするお茶

武夷山に沿って流れる夕立の九曲渓は、水墨画の世界

好きが求める嗜好に合わせ紅茶らしくしていった。嗜好の点では、紅茶は緑茶に比べて、渋みや苦みが柔らかく、砂糖やミルクを入れて飲むのによりふさわしいお茶だったのだ。そして天日干しによる萎凋や発酵度の調整を行って品質の工夫・改良を重ねた結果、徐々に本物の紅茶になってきたのが本当のところのようだ。

ポヒーやカングーこそが、紅茶の起源であるということになってはいるが、元は所詮偶然の産物であったという捉え方が自然である。紅茶の起源についての結論は、これにて終結。

船上発酵説のように人々を楽しませてくれるこの手の話も、矛盾に満ちてはいるが、それがまた面白くもあるところ。

紅茶見聞録は、今回紅茶の発祥の地、中国福建省武夷山に来たところでまだ走り始めたばかりですが、読むのに少し疲れた！ことでしょう。

紅茶の起源・酵素反応、など長々と少しまじめな話で肩が凝った方には、次の見聞録の行き先、リゾートアイランドのセイロンで、寛いでいただきましょう。

（＊1）世界の茶生産量は、2020年約6000万トンでそのうち紅茶は、330万トンと推定される。1杯あたり茶葉使用量2gで換算した場合、年間1・65兆杯。

ちなみにコーヒー生豆は、同じく約1千万トン生産されるが、1杯あたりコーヒー生豆量10gで換算すると、年間1兆杯。

夏のある日、長野県湯の丸山のクジャクチョウ。美しい翅の赤い地色は紅茶に通じるかも

紅茶見聞録

Column 1

紅茶列車の最初の停車駅
紅茶をもっと楽しむためのテクニックを理解する

好きな紅茶を手に入れたら、まず基本そしてイメージを描いて冒険したい。

おいしさを知れば、いれ方の流儀は、好き好きで

ゴールデンルールの自分流進化。

カップに注がれた紅茶は、輝くように明るく透明感のある橙赤色で、柔らかく華やかな香りがほのかにたち上り、口に含めば程よい渋みとコクが舌の上でバランスよく感じられ、味わいながら飲み込めば再び香りが口の中に広がって、味と香りの余韻がだんだんと薄らいでくると次の一口を飲みたくなる。

そんな紅茶は、①おいしい紅茶を選んだら次の②から⑤の手順で入れると誰でも、いれられる。

①品質の良い美味しい紅茶を使う。（これが一番難しいかも？）
②新鮮な水を１００℃に沸騰させて使う。ティーポットをお湯で事前に温めておく。

③湯を切ったティーポットに、カップ１杯当たりティースプーン１杯（２〜３ｇ）の紅茶を入れる。
④沸騰したての熱湯を、勢いよくポットに注ぎ、３分間以上蒸らす。蒸らし時間（抽出時間）は、茶葉のサイズに応じて調整すること。（オーソドックス製法の紅茶葉ではＯＰタイプの大きい茶葉は長く３分以上、５分位まで待つ。ＢＯＰ、ＢＯＰＦ、ＤＵＳＴと葉のサイズが小さくなるにしたがって、抽出時間は２分程度まで短くする。ＴＢ用のＣＴＣ紅茶も２分間程度）
⑤軽く攪拌して、茶漉しを使ってカップに注ぐ。（好き好きだが、ミルクティーで飲むときは、カップに先に牛乳を入れるとよりまろやかな味わいになる。コラム３参照）

世界各国の紅茶協会や紅茶メーカーが推奨する所謂ゴールデンルール的なおいしい紅茶のいれ方の骨子は、以上の手順である。細部は異なっても、基本はほぼ変わらない。

紅茶のいれ方プロの技伝授

ここから先は、脱線して、自由な発想で自分の好みの紅茶に、発展させてみるのはいかがだろう。人の好みは千差万別で、国によっても、美味しいとされる紅茶はさまざまである。英国式ばかりが紅茶ではないので、基本は押さえつつ、創造性ある発展をさせなければ、面白くない。ですよね。

あくまで、紅茶の成分と味の関係を決める物理・化学法則を踏まえての脱線だが。

例えば、

●熱いお湯を使わないでおいしい紅茶を作れないのか？

⇒水出し紅茶というい方もあるので、出来るはず。

●紅茶を通常より多くたっぷりと使って、渋すぎない紅茶を作れないのか？

●香りが特に良く出た紅茶を作れないのか？

⇒たくさんの紅茶を使えば、香りの成分もその分多いはず。渋みを出さずに香りだけよく出せればいいのだが。

●砂糖をたくさん加えた甘い紅茶をおいしく作るにはどうすればよいか？

⇒紅茶の渋みとバランスする糖分の甘みがあるはず。そして、自分の好みのミルクの多さは、トライアングルのように決まる。そして紅茶液の濃さ（ポリフェノール濃度）に応じた甘さとミルク量のバランスを選んで決める。

●レモンティーなど果汁が入りすぎると酸っぱくなり、飲みにくくなるが、美味しいバランスのフルーツティーはどうしたら作れるのか？

⇒果汁系の飲み物には、糖度と酸度のバランスが上手くマッチングしていなければ、甘すぎるジュース、酸っぱすぎるジュースになってしまう。果汁飲料では、バランスの良い糖と酸の比率に、調整して飲料化することがおいしさのポイントである。そこに渋みを持つ紅茶の香味を加える。または、紅茶にジュースのおいしさを加えるとどうしても強い味になってしまうので、相当薄めて、味作りをするのが普通である。一般に飲料化する場合には１００％果汁の糖度は10〜12％あるが、レモンティーやアップルティーの糖度は４％程度に設定している。約３分の一の可溶性固形分濃度である。

自分の好みで、紅茶の濃さ・砂糖など糖分の量・レモンやリンゴなどの果汁量を決めて酸味と渋みが喧嘩しないように、軽いソフトドリンク風の飲み物にすればごくごく飲める。

紅茶の味わいのもとになる主成分は、渋みの成分である茶に特有なポリフェノールがトップに来る。含有量の多い順に並べてみると、テアルビジンやテアフラビンという紅茶ポリフェノールは無数の種類で構成される。概して柔らかい渋みだがその味の幅は多岐にわたる。次いで緑茶ポリフェノールであるカテキン類はやや鋭い渋みを有する。そしてポリフェノールとは異なる薬のような苦みを持つ成分として生理作用を有するカフェインがある。その他含有比率は低いが、植物体の構成成分であるアミノ酸・ペプチド・たんぱく質系物質、単糖類から多糖類に至る炭水化物、そしてカリウムをはじめとする主たるミネラル分に加え多種の微量元素も少なからず味に貢献しているはずである。

さらに忘れてはならない紅茶の香り、すなわち揮発性の香気成分はテルペン類などの小さな分子がほとんどだが、可溶性固形分に占める重量割合は、上記の味の成分に比べてはるかに小さく、パーセントとして表してもけた違いに少ない含有量である。

多種の成分の話で少し混乱させてしまったかもしれないが、ポイントは渋み成分と香り成分のコントロールだ。

ここで、味作りに知っておきたい秘密の紅茶抽出の根本原理、を公開しよう。

秘密の原理1．渋み抽出　紅茶は、もともと茶葉に含まれる可溶性成分のうち半分くらいしか、出していない。早い段階で出てくる抽出成分は、ソフトな渋みの香味傾向となる。紅茶の好ましくないエグい渋みは、熱湯で長時間置いて絞り出した最後の出がらしに多く含まれる傾向がある。ビールの一番搾りがまろやかなコクが多いイメージに重なる。

秘密の原理2．香り成分　良い香りは、アツアツの熱湯ほど、良く出てくる。同時に揮発性が高く、飛びやすい。揮発しにくい香りは冷めた紅茶の中にも、残ってくる。香りの良く出た紅茶をいれるには、上質の紅茶葉を通常の１・５倍以上使ってアツアツの熱湯でやや短い抽出時間で入れると良い。紅茶葉の量をぜいたくに使えば、つまり2倍の茶葉なら2倍量の香り成分が含まれているのだから。

秘密の原理3．お湯温度の設定　１００℃に沸騰水を使えという原則を破り、低温抽出を試してみることも味がわかる人にはお勧めしたい。香りはより豊かに感じられるが、キツイ渋みがなくまろやかな味の紅茶は、１．5倍から2倍量の多めの茶葉を使って、70～80℃の少し冷めた温度での抽出を行うことで得られる。この方法は、ＯＰタイプのホールリーフのダージリンや、ＢＯＰタイプのセイロンブレンド（ハイグロウン・ディンブラ、ミディアムグロウン・キャンディなど）で、香りと渋みが絶妙なバランスとなり、上手くいくことが多い。また、苦み成分のカフェインは、熱湯抽出するとポリフェノールより早く、最初に溶け出してくる。やや低温のお湯を使うことで、溶け出しが遅くなるため、茶葉の使用量が増えてもそれほどカフェインの苦みが気にならないようだ。茶葉のサイズについては、小さくなる程湯に触れる表面積が増え、浸出が早いので時間は短くする。

エグク、キツイ渋みのポリフェノールも茶葉の中に残りやすいという利点もある。あまり攪拌せずに、茶葉が自由に動きにくい、ジャンピングしにくい条件にして、抽出するということになる。紅茶葉をポットの中で「ジャンピングさせよう」という通説の逆だが！

この方法では成分をたっぷりと残したまま抽出を終えるため、茶葉を無駄なく経済的に絞り出すという観点からは、やや贅沢ないれ方だ。

でも、こう考えたらどうだろう？　１杯１０００円近くの値段を出して飲むハイエンドな紅茶もあるのだから、１００gあたり３０００円の紅茶葉を10gくらい多く使ったところで、３００円アップで済んでしまう。贅沢な話だが、これが究極の紅茶だとしたらどうだろう。

プロも行う秘密の原理を知ったところで、基本の上に立つ応用をしつこく試してみれば、自分にとっての究極の１杯が見えてきたのでは。早速自分流の進化にトライしてみてはいかがでしょう？

Brew the best pot of TEA.

ティーポットで最高のティーを創り出そう。

そうすれば、楽しみは無限大に広がっていくことでしょう。

それでは、再びTake the Tea Train

紅茶見聞録　その5

光り輝く島・
スリランカに辿り着く

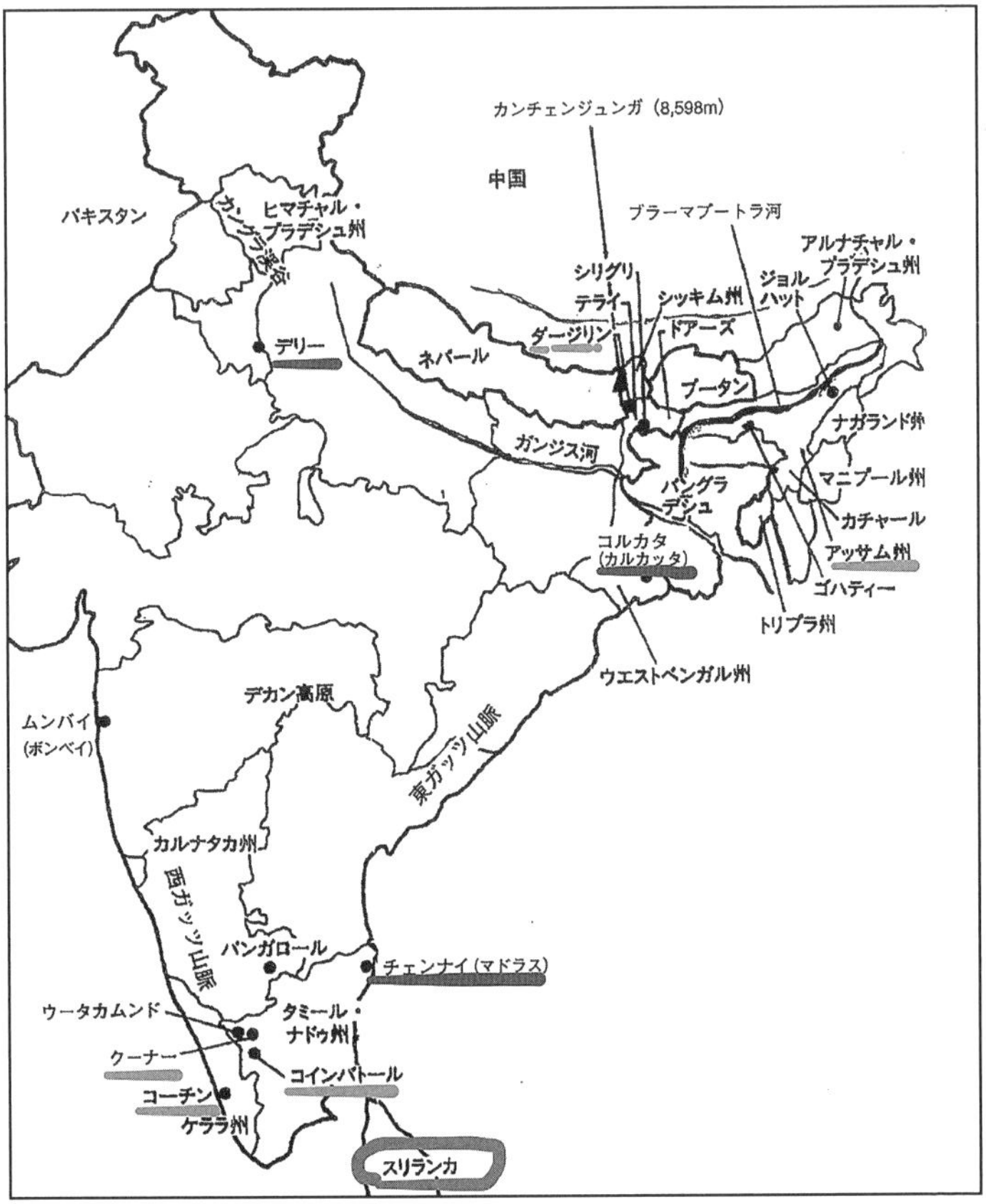
カンチェンジュンガ（8,598m）
中国
パキスタン
カングラ渓谷
ヒマチャル・プラデシュ州
ブラーマプートラ河
アルナチャル・プラデシュ州
シリグリ
テライ
シッキム州
ジョルハット
ドアーズ
ダージリン
デリー
ネパール
ブータン
ナガランド州
ガンジス河
バングラデシュ
マニプール州
カチャール
コルカタ
(カルカッタ)
アッサム州
ゴハティー
トリプラ州
ウエストベンガル州
デカン高原
ムンバイ
(ボンベイ)
東ガッツ山脈
カルナタカ州
西ガッツ山脈
バンガロール
チェンナイ（マドラス）
ウータカムンド
タミール・ナドゥ州
クーナー
コインバトール
コーチン
ケララ州
スリランカ

私が紅茶メーカーで働き始めるようになった1980年前後の頃、現地でクオリティーシーズンの紅茶の買い付けを行う年季の入った先輩ティーテイスター達は、1か月以上をインド・スリランカの2か国を股にかけたはしご行脚をしていた。例年買付けターゲットとなる紅茶の品質が上がってくる6月から8月半ばにかけてその年どしの天候で異なってくる品質ピークのタイミングを選んで、渡航をするのである。

航空機で高額な旅費を掛け、紅茶産地へ海外出張するということは、選ばれし人間に与えられた一つのステータスで、口には出さぬとも羨望の的として映ったものだ。

航空機の座席はCクラス。今でいうところのビジネスクラスが普通で、現地に着けば、頼まずとも決まったように最上のホテルが定宿として、予約されている。

インドとスリランカ内のティーオークションがある都市での茶商との折衝や買い付けに関わる情報収集の合間には、足を延ばして茶産地訪問を織り交ぜながら、ひと月以上、移動して行くのである。

体調管理といえば聞こえは良いが、緊張感を持続し、下痢にならぬよう心掛けねばならない。

まず北インドの最初の訪問地カルカッタ（コルカタ）では、昼間の茶商訪問に加えて、毎晩

やさしさに包まれたセイロン島南海岸、近年訪れたホテルで（リゾート地でもあるゴール）

のように歓迎パーティーが開催される。海外顧客へのインド側の厚いおもてなしには、想定を超えた感動をして、時に飲み過ぎる。

この予定が消化できれば、今度は国内線に乗りマドラス（チェンナイ）経由南インドに向かう。コインバトールの空港から、インド国産乗用車アンバサダーで南インドの広大な高原であるニルギリ産地巡りに入る。

次は、「山を下りて南インド紅茶のオークションがあるコーチンで一息つこう」と言いたいところだが、連日の長時間にわたる車移動のせいで、おなかにはガスが溜まり膨満感が襲ってきている。

既に、精神的肉体的に限界が近づき、初対面のインド人には、〝ナイス トゥー ミーツ ユー〟を連発し、微笑みを作りながらも、どちらかと言えば苦痛の旅となっている。

きっと多くの先達が、感じていたことであろうが、早くセイロンに入りたい。この気持ちは、なぜか切実な思いの記憶として、体に浸みこんでいる。

そして、ようやく辿り着いたスリランカ最大の都市・コロンボで感じた空気感は、なぜかやさしさに包まれ、心が癒される天国のように感じたものだ。

セイロン紅茶の誕生

日本人である私たちが最も好んで飲んでいる紅茶は、セイロン紅茶だ。今回は、そんな親しみ深い紅茶が誕生するタイミングである19世紀のセイロン島まで行ってみることにしよう。

セイロン島での紅茶産業大繁栄の前段には約50年間にわたる大々的なコーヒーの栽培と産業化の歴史があった。セイロンでのコーヒー生産が頂点を打つ１８７７年には、なんと輸出量約５万トン、金額にして１６５０万英国ポンド（８千万ドル）という大きな貿易金額を記録している。一大産業となったコーヒー栽培であるが、コーヒーの木々を壊滅に至らせる「さび病」の発生という悲劇が待ち受けていた。

今でこそ紅茶の優良産地であるキャンディ、ディンブラ、ディコヤ、マスケリアといった中西部山地で、コーヒーの葉裏に現れたオレンジ色のスポット（さび病）はカビの胞子を放出し、

［上］アップカントリーの紅茶産地ヌワラエリヤ
［中・下］グランドホテルのティー（ヌワラエリヤ）

霧と気流に乗って、この一帯のコーヒープランテーションの木々にあっという間に伝染してしまったのだろう。その結果十年足らずの間に、一切の木々を枯死させ、コーヒー豆の生産は回復不可能になってしまった。栄華を誇ったコーヒープランタキャンディーやそこで働く労働者が落胆にくれるころ、一方では18世紀半ばからのインド・アッサムでの茶樹栽培成功も引き金になり、茶栽培の試行が静かに行われていた。

〝セイロン茶産業の父〟と呼ばれ、後に功績をたたえられるスコットランド人**ジェームステイラー（1835-1892）**は、17歳でセイロンに渡り、キャンディに程近いルールコンデラ・

コーヒー園の片隅で、アッサム種茶樹の試験栽培を進めていたのだった。

スリランカの古都であるキャンディに今も存在するペラデニア王立植物園からアッサム茶樹の種を取り寄せて、１８６７年にはセイロン島で初めて20エーカーというまとまった面積での産業レベルの継続的な茶栽培に成功した。

このころ１８６９年にはコーヒーへの破壊的なさび病の発生が見つかり、１８７５年から大規模面積での茶園転換が、怒涛のごとく始まっていった。

その間の１８７３年には、アッサムに34年遅れて、テイラー作の23ポンド（約10キログラム）の茶が、ロンドンに出荷され、高い評価を受けたことも、茶園転換を急ぐようにと背中を押したことであろう。

その新植のためのアッサム雑種や中国種の茶の苗が、ペラデニア植物園などから供給され始めた。

さらなる最大の供給元として、インド

のカルカッタからも大量のアッサム種茶樹の種が、運び込まれた。

その結果、コーヒー園が全て見事に茶園に生まれ変わったのみならず、1895年には植栽面積30万エーカー、1920年には世界一の海外供給力を持つまでになったのだ。

コーヒー栽培のためにコロンボからキャンディを経てディンブラ・ヌワラエリヤまで切り開かれた道が、急速な茶樹植栽地の拡大に際して、大いに役立った事は言うまでもない。その上、よく出来たことに次のエピソードも、嘘のような本当の話。

「ところで広大なコーヒー畑で発生したコーヒーの枯れ木は、どうしたのだろう?」

「それは、イングランドに輸出されてティーテーブルの脚になったのさ」

という訳で、セイロン紅茶の土台には、幻のセイロンコーヒーが大いなる貢献をしたそうな。

ディンブラ茶園での夕刻、幻想的な夕焼けに映える高峰アダムスピーク（写真中央）を望む

紅茶見聞録　その6

イングランド発祥
ラグビーと紅茶の意外な接点

試合が、キックオフした。

「スコットランドには勝てないでしょうね」

目の前で鉄板焼きの準備を進める初老のシェフが、話しかけた。

「今日は、日本が勝ちますよ」

私は少し意地になって、語気を強めてしまった。

その直後スマホのテレビ画面は、最初のトライをスコットランドが決めたことを映していた。

・・・

ラグビーワールドカップ2019では、日本チームは世界中のラグビーファンを唸らせるすごい試合を見せてくれた。特に日本対スコットランド戦は、前回ロンドン大会ではやりたい放題に大量得点され悔しい敗戦を余儀なくされたが、今回はティア1（tier1）（＊1）のスコットランドに対して、見事に雪辱を果たすこととなった。その結果、無敗でベスト8決勝トーナメントへの進出を決め、日本の感動は最高潮となった。

映画俳優のダスティン・ホフマンにどことなく似た顔立ちのグレイグ・レイドロー選手は、スコットランドが誇る名スクラムハーフで正確無比のキックを持つ。2015年の前回大会では、失点の大半は彼にしてやられた結果で、憎らしいほどに精密な技術と冷静な戦略判断を併せ持つ印象であった。今回は日本の圧力に屈し、いいところを封じられていた。相手のお株を奪う、日本の実力勝ちの内容であった。

大変心外な結果であったかもしれないが、試合後のインタビューでは、日本チームと日本のファンに対して称賛を贈る紳士のラガーマンであった。彼へは前大会以来憎らしささえ感じてきたが、それは自分の浅はかな思い込みであった。難しいことだが、強い人間こそ、負けた時の態度は大切だ。

スコットランド・エジンバラ

ところで、ラグビー発祥の故郷は、英国紅茶文化の源でもあるイングランドだ。何か結びつくことがあるのだろうか？

1823年、イングランド北西部にある名門パブリックスクール・ラグビー校でウィリアム・ウェブ・エリス少年がフットボールの試合中に、ボールを拾い上げ持ったままゴールに向かって走って行った。周りは唖然としたらしい。

これが、ラグビーの名前の由来であることは、ラグビーファンならずとも知るところである。

1840年には、このゴール認定である「ランニングイン」が確立。

日本ラグビーフットボール協会「競技規則」によれば、ラグビーの他のスポーツと異なる競技方法として、

①手も足も両方使うことができる。

②プレーヤーはボールを持って自由に走ることができる。

③防御方法にも、安全性を損なわない限り、制約がない。

④ゴールラインを越えてボールを持ち込むことによって得点となる。

⑤ボールは後方にいるプレーヤーにのみパスをすることができる。

（他に、たくさんのルールと原則があるが、省略）

「ラグビーは、紳士がやる野蛮なスポーツ」、対する「サッカーは、野蛮人が……」、おっと相当な英国流の階級的偏見がありそうな表現なのでこれ以上書くまい。

ボールを手に抱えて走ったエリス少年の名前を戴いてその名称とした優勝杯が、その名もウェブ・エリスカップである。このエリスカップは、優勝経験チームの人間以外は、決して素手で触れてはいけないという大変に崇高なものだ。

今回世界の頂点に立ちカップを手にしたのは、日本が敗れた南アフリカで12年ぶり3度目の優勝であった。試合前の予想で絶対の優勝候補と目されていたのは、世界ランク1位で名将エ

ディ・ジョーンズHC率いるイングランド。戦いぶりは、南アのフォワード陣が圧倒して、イングランドを終始押しまくり、世界一の強さを見せつけ、32対12。

南アフリカチームはフィジカルに優れた素晴らしい選手ばかりだ。小粒ながら大男に果敢にタックルを食らわし倒してしまう強靭な金髪ロン毛でスクラムハーフのF・デクラークは、常にボールがあるポジションにいて、的確な球出しをする。満を持して登場したC・コルビは、俊足ダッシュと超華麗なステップで敵をかわし、最後のダメ押しトライを挙げた。

「僕たちの国には、いろいろな問題がある。いろいろなバックグラウンドから選手が集まり、一つの目標に向かって一丸となった。

そして、自分のためにプレーしたのではない、国のために戦った。いろいろな人たち、ホームレスの人たちも応援してくれた。何かを成し遂げたいと思った。一つになれるということを見せたかった」

黒人選手初のキャプテンであるシヤ・コリシ選手は、優勝インタビューに答えて、続けていった。

「Thank you so much. People of Japan. People come from England……

アリガトウゴザイマス」

北アイルランド・ベルファストには、英国女王に因むクイーンズ大学がある

世界は、経済二大国の米中が露骨な世界経済覇権指向のもと、大儀名分を掲げつつもエゴもチラチラと見えてくる展開が続いている。国によっては権力者や政治家たちが、個人の権益確保に走っているケースも数え上げればきりがないほどである。

ラグビーワールドカップのティア1の強豪4チームを擁するイギリスはといえば、その時点でボリス・ジョンソン首相率いる与党・保守党が下院過半数を獲得し、長年の懸案であったEUからの離脱を強引に実現させてしまった。一方で、スコットランドが独立を求める動きや英国の一部であるアイルランド内北アイルランドの国境や通商経済の課題も残っている。日本は、核を含めた世界平和や地球環境に向けた、本来望まれる世界へのアピールができているとは言えない。地球は一つだが、各国の思惑は異なるため、解決すべき不調和が山積している。

翻って、スポーツは人々の心を高揚させ、プレーヤーだけでなく、それを見る人たちにも一体感を生み出してくれる。地球をワンチームと考えたなら、日本も含めて必要な軌道修正に取り組めないものかとも考えさせられたラグビーワールドカップだった。

エリス少年がラグビー校でゴールに向かって走った1823年は、同じ英国のスコットランド人ロバート・ブルースが、インド・アッサムの奥地で初めてアッサム種の木に巡り合った年だ。

レストランのフィッシュアンドチップス

ラグビーの誕生と世界的な紅茶産業をもたらしたアッサム種茶樹の発見は、偶然ではあるが、地球上で今からおよそ200年前の同じ年に起きていたことになる。ともに世界の他の地域へと人々を惹きつけ、巻き込みながら、発展を遂げてきた。そしてイギリスが発信の接点となって、ワールドワイドに展開していった事実は、共通点と言えよう。

というわけで今回の紅茶見聞録は、手に汗握り足を突っ張りながら応援した興奮と記憶が段々と薄らいでゆく中で、素晴らしかった2019年のラグビーワールドカップをここに書いて残したかった。ラグビーと紅茶には、何かのつながり

があるものかと考えてみた次第。南アフリカ・イングランド・スコットランド・アイルランド、そして豪州やニュージーランドなどの強豪国の選手たちは、きっとビールだけではなく紅茶を日常的に愛飲していることだろう。

　紅茶の発明者が、イギリスであるとは言うまいが、世界の紅茶産業主要国の開拓に大いに貢献した上に、ラグビーという素晴らしいスポーツを生み出してくれた点で、イギリスにはあらためて敬意を表することにしよう。

ラグビーの試合があると本場イギリスでは、ビールの消費が格段に増えるそうだ。勝っても負けても、ノーサイド。

さんざん飲んだら、仕上げの一杯は、アッサム紅茶にミルクを入れて、ほっと一息。

200年前の出来事に思いを馳せ、カッと盛り上がった興奮を沈めよう。

Have a nice cup of tea!

ダブリンのホテルのティー

（＊1）ティア1（tier1）国とは、ラグビー界における強豪国のことで、イングランド、ウェールズ、スコットランド、アイルランド、フランス、イタリア、ニュージーランド、オーストラリア、南アフリカ、アルゼンチンの8か国10チームからなる。英国連邦が多く含まれ、紅茶飲みの国が多いのも、頷ける。

紅茶見聞録　その7

懐かしのセイロン紅茶

エピソード1

1960年代にティーバッグが全盛になってゆく前の時代、紅茶は今とは違った美味しさがあったらしい。

「今の紅茶は、味が落ちたものだ。一番の違いは発酵度が弱いことだね。昔のものと比べて深い味わいに欠ける」

会社で会うたびにそんなことを声高におっしゃる先輩がいた。紅茶製品の販売に長年携わってきたこの方にとっては、現代の紅茶が、満足いく味わいでないというのだ。

その年代まで遡って、自分が未だ幼年のころ、家で昼食時も過ごしていた頃のかすかな記憶を手繰れば、やはりそうなのかなと思う。

トースターで焼き上がったばかりの熱いパンの上で溶けてゆくバターとともに、母が淹れた紅茶を飲んでいた。口の中は熱くなりまるで舌がやけどしてしまうかのような感覚があった。そして深紅の水色《すいしょく》の水面から熱い湯気が立ち上る紅茶の味わいは、砂糖の甘味が加わったおいしさと家族のだんらんのおぼろげな記憶につながっている。

紅茶製品の大半が、ティーバッグ化する前後で、紅茶が変わってきたとするなら、どんな点

ウバに向かう道中の夕刻、オールドティーショップで一休み

が違ってきたのだろうか？

良い紅茶は、素性の良い元気な茶樹から、丁寧に茶摘みされた1芯2・3葉の生葉を、

↓新鮮な空気を送って十分な時間をかけて適度に萎凋させ、

↓最適な条件で揉捻と発酵を行い、

↓最後に乾燥機で熱風乾燥することで出来上がる。

ここから先は、いわゆる仕上げ工程で

↓異物などを除くクリーニング、

↓続いてソーティングとかグレーディングという紅茶葉のサイズ分け、

↓包装工程である。

ティーバッグ時代が到来する前後での違いについて考えてみたい。

端的に、また浅学承知の上で、敢えて言

［上］ディンブラの有名茶園の茶摘み
［下］ヌワラエリヤのペドロ茶工場で。珍しい木製ローラー盤のオブジェ

うならば、揉捻工程が異なっている。

伝統的なオーソドックス製法では、萎凋後の茶葉は、揉捻機（ローラー）だけを使って揉み上げる。

ポットでゆっくりと時間をかけて抽出するための紅茶を作る。紅茶葉の大きさは、現代の中心グレードであるブロークンタイプの茶葉より大きめのホールリーフタイプとなる。

次の発酵工程では、酸化酵素による発酵の進行度合いを見極め、時間を切って終点とする。秘訣はきっと、赤褐色の水色がより濃くなるよう、そしてグリーニッシュな青い香りが消えるとともに紅茶らしい香気が豊かに生成されながらも、発酵し過ぎないようにこの工程を終了しなければならない。

また、次の乾燥工程では、昔の乾燥機ゆえに少し高めの不安定な温度処理となってしまうような焙煎即ちロースト的な効果もあった上で、大きめの紅茶葉の水分を最小化するように乾燥し香味を保持して安定化させる感じであろうか?

現在の紅茶工場では、普通に見られるローターバーン

一方のティーバッグ用紅茶の製茶は、ファニングスなどのブロークングレードをメインとした紅茶製法で、オーソドックス製法の場合も、ＣＴＣ（クラッシュ・ティアー・カール）製法の場合も、必ず茶葉を先ず小さく切断するためにローターバーンというミンチ機のような切断機を使う。

萎凋後の葉は、一気に小さく切断されることによって表面積が格段に増加する。

その結果、酵素によって酸素を取り込む酸化発酵のスピードが効果的に上がり、揉捻・発酵に要する時間が大幅に短縮される。

結果として製茶時間を、大変短くすることができるのである。

その反面、揮発性が高い青葉臭などの青みの（生っぽい）香気がより多く残るため、カラッとした、言い換えれば熟成した香味の仕上がりにならないのだろう。

もちろんこのような青みのある香りの紅茶をフレッシュで新鮮ととらえる向きもある。

紅茶の世界も、ビジネス最優先で売上とコストを追いかけざるを得ない経営環境下、昔のスタイルのあの懐かしのセイロン紅茶が、主流に復権することは期待できないだろう。

エピソード2
スリランカで思い出されるあの夜

ある年スリランカ入国時のコロンボ国際空港。手荷物受取のターンテーブルでいくら待っても、結局私のスーツケースは、出てこなかった。バンコクでコロンボ行きに乗り継いだのだが、別の航空機に積まれてしまったのか、そのまま降ろされずに次の目的地の空港まで行ってしまったか、皆目わからない。

ニューヨークのワールドトレードセンター・ツインタワーへの旅客機2機激突という前代未

紅茶の積出港で最大の都市コロンボ

聞の同時多発テロ事件は、ほんの2週間前の出来事であった。セキュリティーの強化は言うに及ばず、空の便の混乱は、地球規模で甚大な後遺症を引きずらせていた。

運悪い！

戻ってくるのだろうか？

イヤな予感だ。

「航空会社ごとのバッゲージクレームオフィスへ行って、ロストバッゲージ（手荷物紛失）の申告をし、追跡調査の上、後日こちらに到着したら連絡をもらい、必要なコンペンセーション（補償）を受けることができる」

と、空港まで迎えに来てくれた大手紅茶プランテーション経営会社のAさんは、冷静にアドバイスしてくれ、

「明日のディンブラ茶園への訪問は、予定通り行きましょう。必要なものは、明日市内の

スーパーに連れてゆくので何でも買えますよ。山から下りてきたころには、スーツケースが空港まで届いていればいいですね」

確かに、困ったことだが仕方ない、今晩のところはあきらめて現地の指示に従うことにして、夜遅くホテルにチェックインした。明日は、セイロンでも指折りハイグロウン茶園を訪問の上、ゲストハウスに泊めてもらうことになっている。

一夜明け、朝から熱い日差しの中、Aさんは、ホテルまで来てくれた。細身でインテリジェントなスマート感溢れる輸出担当のマネジャーで、欧米出張も頻繁にこなす。

「さあ、スーパーで必要物資(＊)を調達したら、気を取り直し、ディンブラに向けて出発しましょう」

(＊スリランカ製の下着とワイシャツなどで、なかなかの品質)

目的地はセイロン紅茶発祥地の一つであるディンブラ地区ボガワンタラワという面白い地名にあるK茶園。アップカントリーの大自然に囲まれた場所で、買付の実績がある優良茶園である。スケジュール通り事は運び、茶園と工場の視察、直近の生産品についてのテイスティングを終えたら、マネージャーズバンガローで夕食となった。

その夜は、スリランカの数々の茶園での優れた経営管理の実績を持つ、腕利きのベテラン茶園マネジャーを囲み、紅茶談議。スリランカの自然保護区に生息する象やサイなどの野生動物の話。続いて、スリ日2国の論客による国際情勢を憂いつつの政治談議となった。

「ニューヨークツインタワーへの旅客機激突には、驚いたね」

「そもそも湾岸戦争を仕掛けたアメリカに対する報復ではないのか？」

実際そのおよそ10年前、米国は多国籍軍を率い、クウェートに侵攻占領した独裁者サダム・フセインのイラク軍に対してペルシャ湾での湾岸戦争を開戦。イラクが敗退後も、イスラムの聖地メッカを持つサウジアラビア等に駐留していた。それに対して、イスラム圏である多くの中東諸国では、抑えきれない不満や反発が増してゆき、アルカイダなどの過激派が活発化したということらしい。

「ジョージ・ブッシュ大統領の強引ともいえる勇み足が、この悲劇の引金になったように思うね」

「同感だ」

「それにしても、全く想像の世界のような出来事が、本当に起きてしまったものだ」

茶園でのその夜、国は違えどシリアスな話題になぜか心が熱くなっていたことが思い出される。


スリランカの山の自然に囲まれた茶園では、時間がゆっくりと流れ、人々は、日々の営みを穏やかに乗り越えているように映る。

今では、スマホからどんな情報も簡単に手に入る。閉鎖的な紅茶園の暮らしは、若い人たちには将来への希望が見えにくく、仕事としての魅力があまり感じられないのか、多くは都会に

「スクールペン（鉛筆？）を下さい」ときれいな目で来てくれた。ヌワラエリヤ付近の道路で出会った少年たち

出て行ってしまうといった話を聞く。

現代の紅茶の味や香りも、それはよくできているが、先の経済原理で、昔とは大きく変貌してしまったかもしれない。この茶園の紅茶も、セイロン茶を代表する言わばモダンなハイグロウンディンブラの品質だった。

茶園マネジャーとの意見交換を終え、山を下りる車の中で、私のスーツケースは、コロンボの空港に届いていると、Aさんが知らせてくれた。数日前の不吉な予感は、杞憂となった。

翌日はコロンボで最新鋭工場の竣工記念セレモニーの後、再び、山に向かい中標高の紅茶産地である古都キャンディへ。例の先輩を含むお偉いさんご一行に同行予定だったが、安心して参加できることとなった。

「昔の紅茶の方が良かった」あの方も、キャンディとコロンボの素晴らしく清潔な紅茶工場を見て、紅茶作りの進化を目の当たりにされたことだろう。

さりとて、今昔・新旧の紅茶の違いは、残念ながら並べて比べることはできず、あの思いへの疑問の解決とまでは到底いかずの結末。コロンボへの帰路のマイクロバス中では、ナイスティーならぬナイスショットの夢の中、皆ぐっすり。

もしかしたら、昔懐かしいノスタルジックな味わいのセイロン紅茶が、今もどこかで作られているかもしれない。

そんな紅茶探しは、今後のお楽しみの一つにしておこう。

紅茶産地キャンディと素敵な蝶

セイロン紅茶の父、ジェームス・テイラーが最初に茶栽培に取り組んだキャンディのトピックご紹介。

[上]［中］古都キャンディにある仏歯寺。本殿（写真）には、仏陀（お釈迦様）の歯が祀られているとのこと

［下］スリランカを代表する美しい蝶、テンジクアゲハ。
英名Blue　Mormon。1992 年 Nov. Kandy（キャンディ）のラベル。スリランカは敬虔なる仏教国。よって殺生はいけないことだそうで、なかなか手に入らない標本

紅茶見聞録　その8

台湾紅茶が生まれたフォルモサで

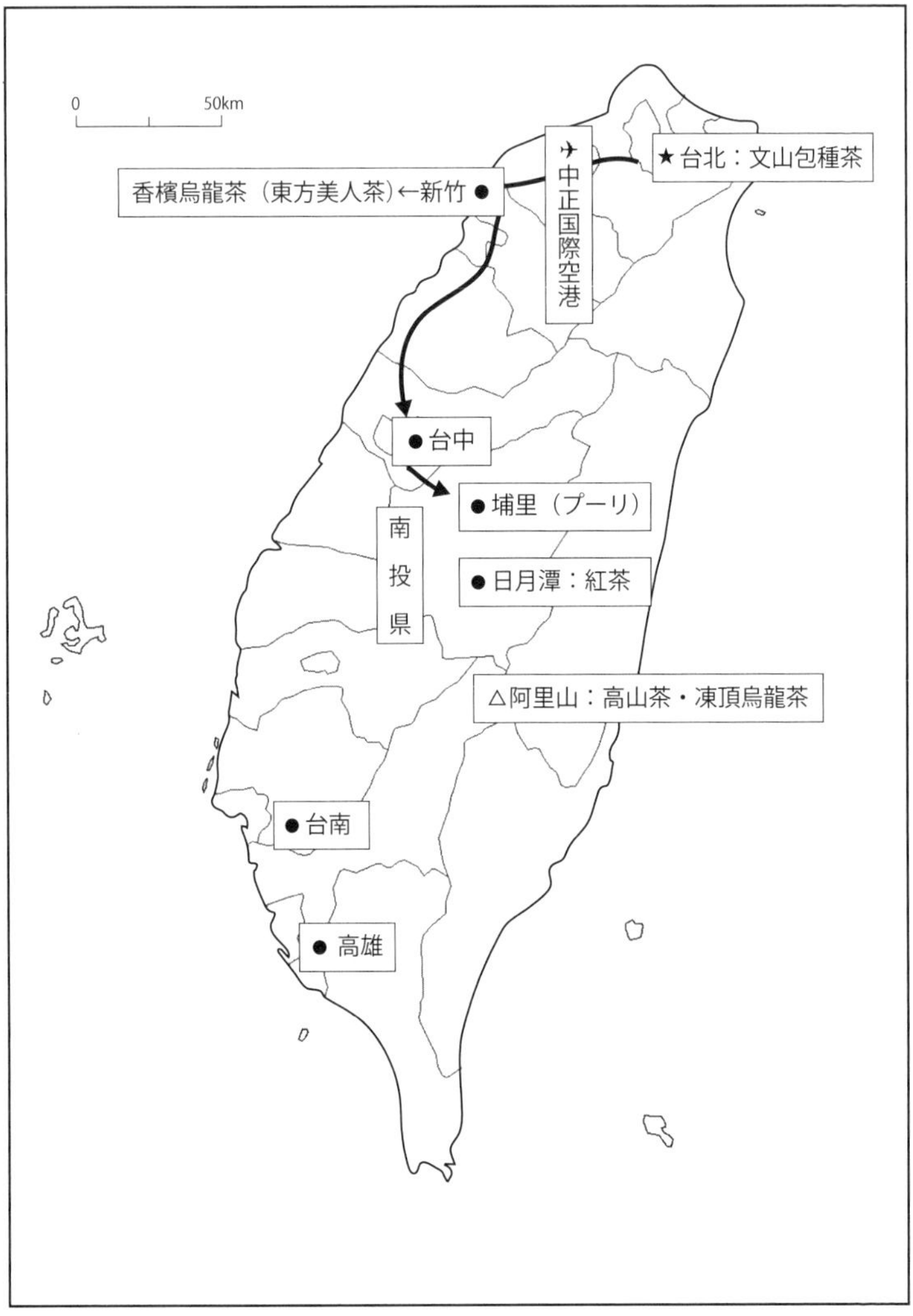

代表的台湾茶産地と台北から埔里までの道のり

紅茶や飲料のビジネスを通じて茶の生産国を中心にいろいろな国に出張してきたが、隣国・台湾への訪問チャンスが来たのは、西暦２０００年を過ぎ、入社20年以上が経過していた。会社は第２次大戦まで長年にわたって、台湾を生産拠点として烏龍茶や紅茶作りを行っていたので、それ以降も深い関わりのある台湾茶業の重鎮ともいえるようなお歴々の方々が、幸いなことに当時はご健在であった。

初の訪問先、台湾茶業の老舗企業で窓口をされていた80歳をゆうに過ぎていた方が、流暢な日本語で話しかけてきた。

「木が2本で林と読む。木が3本だと森になる。

それでは、木が6本になると、何になるか？」

まじめに考えていると、

「それは、六本木です。……あなた東京に住んでいるのでしょう？」

いきなり日本人並みのダジャレで、肩の力も抜けた憧れの台湾到着だった。

そう台湾の別名フォルモサ（Formosa: フォルモーサ）とは、ポルトガル語で「麗しい」という意味だそうで、欧州からの大航海時代に、憧れの航海先であったことが想像される。

今回の紅茶見聞録は、麗しの国フォルモサ、隣国台湾の昔に思いを巡らし、現代のフォルモサティーである台湾茶をじっくりと味わってみることにしよう。

ちなみに、近年の台湾は、茶の生産量より輸入量が大幅に上回っているが、台湾だけでしか作ることができない特徴ある高級茶の評価が高まり、米国や日本への輸出量は、毎年鰻登りで伸びてきている。

台湾での茶の栽培は、1810年頃に対岸の大陸厦門《アモイ》より台湾北部に茶樹が持ち込まれたことに始まる。その後徐々に生産量を増やし、1824年頃には、かなりの量の台湾茶（Formosa tea）が、厦門に船で送られていた。その頃の台湾茶は、一旦火入れ設備のある厦門や福州に運ばれ、再生・仕上げ加工が行われて、それから再び船（ティークリッパー）に積まれ欧米に輸出されたとの記述がある。

1868年頃になると、英国人ジョン・ドッドの会社によっていよいよ本土（現在の福建省）の火入れ加工設備と技術が導入され、翌1869年にはテスト的にアメリカニューヨークへと出荷される。

この茶は、フォルモサ・ウーロンティー（Formosa Oolong tea）として、好評を博し、とんとん拍子で輸出量を伸ばすこととなった。続く20年間の間に、年間輸出量二千二百万ポンド（約1万トン）を記録するまでに成長した。同時に、中国の本場福建省からも多くの開拓者達が茶の生産、輸出に乗り出して来て、英国からの外資に代わり大半のシェアを獲得するようになる。（＊1）

一方この時期19世紀後半は、英国の植民地であった北インド・アッサムやセイロンでは、英国人たちによる紅茶産地開拓と増産の黎明期に重なっている。そんな時代背景もあって台湾の茶が、欧州ではなく、主にアメリカの需要に向けられたとも考えられる。

アメリカ向けに主に輸出されていたのは、台湾烏龍茶（香檳烏龍茶・シャンピンウーロン）であるが、台湾を代表するもう一つの烏龍茶としてやや発酵度が低く、華やかな萎凋香をもつ包種茶（Pouchong tea）がある。

包種茶自体は、鉄観音茶の本場・安渓より茶の種が紙に包まれて持ち込まれたのが、その名の由来とも聞いていた。しかし今回改めて文献を当たってみると、茶を精製後、半紙状の矩形の紙を2枚重ねた上に、約150gの製品をのせ、四方包みとし、外側に、店名・茶名など印判を押して販売したことから、「包種茶」と呼ばれるようになったそうである。(＊2)

緑茶に近い軽い発酵度のこのお茶は、変質しやすく、香味を大切に維持するために、大切に紙に包んで販売したという説も、うなずける。

その後、19世紀末に一時生産輸出の低迷期を経ると、日清戦争後1895年より約50年にわたり台湾が日本の一部となる。

そして茶業にも、日本の資本が参入する。三井合名（その農林課が分離独立し、後の三井農林となる）は、生産茶園を有する6産地工場と1仕上げ工場を、台湾北部を中心に経営し、当時としては特筆すべき近代的なエステート方式による生産体制を確立した。すなわちこれは、

[上] 最近頂いた日月潭紅茶（紅玉)、細く長く、茶葉の形がそのまま残され仕上げられた紅茶で、甘みのある柔らかな味わいのなかに、珍しくはっきりと香り立つメチルサリチレート香（ウバの香り）が感じられる。台湾茶でもウバフレーバーが出ることが確認された
[下] 文山包種茶・阿里山茶・台湾紅茶。文山包種茶は、大型デカンターで淹れ、常時夕食時の食中茶として、愛飲している。台湾式作法と異なるが、冷やせば冷茶としても大変重宝

インド・セイロンと匹敵する製茶機械による一貫生産であり、200万ポンド（約1000トン）の年生産能力であったそうだ。

ここでは、やや長めの発酵工程（three-quarters fermented tea）で改良された台湾烏龍茶いわゆる香檳烏龍茶が生産され、1923年に最初のサンプルがアメリカに送られた。

続いてインドからアッサム品種の導入も行われ、より発酵度を高めた完全発酵の紅茶（Formosa

Black tea）が生産されるようになった。（＊1）

その製品は、三井物産を通じて英米他諸各国に輸出され、特にロンドン市場では、ダージリン紅茶と芳香風味を競う高級品として扱われたそうだ。（＊3）

ところでこの紅茶は、ダージリン紅茶のキャラクターであるマスカテルフレーバー（ムスクを語源とする、マスカット葡萄に通じる独特の香気）と同質の香りを持っていたと推察される。それを裏づける点として、初夏に発生するウンカに、若芽を適度に食された茶葉（ウンカ芽）が原料として使用された場合に、とりわけ素晴らしい香気を生成する現象が、現在でも台湾の香檳烏龍茶とインドのダージリン紅茶に共通して認められている。

昭和の時代に入ると、いよいよこの紅茶が、１９２７年（昭和２年）、日本国内に「三井紅茶」として発売された。

そして１９３０年（昭和５年）には「日東紅茶」の始まりに繫がったそうだ。

このようにかつて世界的な高級茶供給基地としての輝かしい茶業史を持つ台湾。長い時が過ぎた今その位置づけは変わってきたが、熟練の茶農たちは毎年腕によりをかけてフォルモサ・ウーロンをつくり続ける。

文山包種や凍頂烏龍を代表とする爽やかな香味の包種茶系と、やや発酵度が高く紅茶に近い独特の甘い香りをもつ香檳烏龍や東方美人という、好対照で素晴らしい品質の烏龍茶となって、ゆっくりと進化している。

台湾紅茶発祥の地、南投県まで行って感動

続いて、紅茶発祥の地への珍道中もお話ししましょう。

まだ暑い盛りのある年の9月初め、家族で台湾旅行となった。台北で観光中の家族と離れて、紅茶の産地でもある南投県にある埔里《プーリ》に、実は一人で行ってきた。

目的は、台湾紅茶の歴史的生産地視察と言いたいところだが、筆者にとって同様にプライオリティー高く、暑い季節になると衝動に駆り立てられる昆虫趣味に関わること。

それは、念願だった台湾最大の昆虫博物館である木生昆虫博物館への訪問である。心おきない趣味の一日ではあるが、何事も自分自身で対処せねばならない一人旅だ。

台北から埔里までは、鉄道の台北駅そばから、台中経由埔里行きの高速バスで行けることがわかった。所要時間は3時間ほどとある。台湾家族旅行の最終日前日、いざ決行。

台北バスターミナルから、8時丁度発の国光号バスに、なんとか飛び乗る。中国語は、不勉強で全くわからないが、そこは、漢字の国、バスの行き先を示す前面の表示は、間違いなく「埔里」を表示している。飛行機のビジネスクラスのように独立した3列シートの最前列に、空席が一つ、まずはゆったりと腰をおろす。

バスは出発したが、台北市内の自動車道路は、例によって朝の渋滞中でなかなか進まない。

バスは出発、台北市内の渋滞をようやく抜けて、高速道路で台中経由、埔里をめざす。
左は、台中市内

しばらくしたころ、携帯電話が鳴り出した。

家内から、南投県の埔里の日帰り往復は無理で、下手すると明日の帰国便に間に合わないと現地ツアーのガイドに脅かされたらしい。

「こちらは、バスの所要時間と現地発の最終便の時刻までちゃんと調べてあるから、心配ないよ。夕方の6時か7時ころまでには、台北に戻れる予定だから」

そう言って電話を切る。


「途中で帰ってこい」と言われぬよう強気に出たものの、台北市内の渋滞が、ひびいてか、バスの運行は遅れ気味。道中興味深くのどかな南国の風景を、車窓から眺めつつ過ごしていたが、台中に到着した時には、発車から既に3時間近くを経過している。ここから、南投県にある埔里までは、まだ1時間はかかりそうだ。

少し詳細なタイムスケジュールと行動計画をせねば。

現地での行動を、できる限り効率よく行いたい。埔里のバスターミナルに着いたら、帰りのバスの時間を確認し、直ちに切符を買おう。そして、日本語か英語ができるタクシー運転手を探して、博物館まで直行してもらおう。いや帰りまで待ってもらい、同じタクシーで埔里のバスターミナルに戻ればいい。

そうだその場合、日本円でせいぜい3千円くらいまでで時間チャーター契約の交渉をしよう。

バスは、3時間のはずが結局4時間半かかり、埔里に到着。

「備えあれば憂いなし」

あとは、道中の計画通りことが運び、気が利くタクシーの運転手にも巡り合い、10分ほどで、目的の場所に着いた。

「お客さん、ここが目的の木生昆虫博物館だよ」

台湾でも蝶の宝庫といわれるここ埔里の山中では、初秋の9月とはいえ、日本の真夏のような陽光に、木々はまぶしく輝いている。にぎやかなセミの声に迎えられて、タクシーは、敷地内を玄関までゆっくりと進んでゆく。

感慨に浸る間もなく、さっそく入館料を払い、入館。順路に沿って二階にあがると、台湾のみならず、世界中の昆虫標本が、見事に陳列展示されている。平日のせいか、来館者はまばらだ。一通りの展示を見て回り、一階の売店で係りの女性に販売品などにつき、いろいろ質問していたところ

「少しお待ち下さい」

といって、その女性は奥の事務所に入っていく。しばらくすると、細身ながらしっかりとした体つきの白髪の老紳士が、にこやかに現れた。

「こんにちは。いまは三角紙標本の販売はしていません。私も歳をとりましたので、もうあまり採集にも行きません」

と綺麗な標準語の日本語で、答えてくださった。

いろいろお話をお聞きするうちにこの方は、なんと大変高名な台湾の昆虫研究家・余清金先生だということがわかってきた。

博物館入り口には、この方自身の立派な銅像があり、その裏側には、余先生の研究への貢献に対する感謝のしるしとして寄贈する旨、これまた日本を代表する有名な昆虫学者、ざっと10名位の名前が刻まれている。

余翁に運よくお会いする事ができたのは、望外の喜び。先生著作の台湾の甲虫に関する図鑑2冊に署名頂き、訪問記念の写真を一緒にお願いした。

結局往復10時間を越えた埔里行きも、現地滞在はわずか2時間弱だった。今を遡ること軽く1世紀（120年以上）の頃の台湾で、紅茶作りには日本人も深くかかわっていた事実がある。そのお茶の歴史的名産地と隣接する南投県埔里まで辿り着き、思いがけない出会いが待っていた、貴重な一日バス旅行。

［上］余清金先生と筆者。2005年の訪問の際、先生自身の銅像前で。父の余木生氏が、1974年に創設した木生昆虫博物館
［下］先生著作の図鑑（台湾の天牛・カミキリムシと金亀・コガネムシ）とサイン

謝謝！　余清金先生。

こうしてその年、オールド昆虫少年の夏休みは、無事に終わった。

グルメの聖地でもある台北最終日の前夜は、家族に合流し北京ダックに舌鼓

麗しき蝶と甲虫

博物館隣接の胡蝶園では、吸蜜用のランタナの花に、カラスアゲハ、コモンタイマイ［上］、ナガサキアゲハ、アオスジアゲハ、ベニモンアゲハ、オオゴマダラ、コノハチョウなど、多数の美しい蝶が乱舞していた
［下］麗しく美しい甲虫ルリボシカミキリ、東京奥多摩の林道で

紅茶見聞録　その9

映画で紅茶見聞録
@ザルツブルグとウィーン

1970年代は、当時のティーンエイジャーにとってその時代の情景と結びつくように、様々なジャンルの音楽が流行しそして聞かれていた。ブームが終わろうとしている頃のグループサウンズやアイドルのヒット曲、そしてラジオの深夜放送から入ってくるロックやポピュラーの洋楽の中から、私の場合は段々と敢えてとっつきにくいジャズにもこだわって聴くようになっていった。心の中で、「俺は違うんだ」という感じで、少し背伸びしてカッコをつけていた。高校から大学にかけて通学ルートでもあった渋谷駅、その井の頭線のガードからほど近い裏小路の坂道にJAZZ喫茶「オスカー」があった。真っ暗な中にかすかに赤や青の蛍光色に明かりが灯るサイケデリックな趣の店内で、大型スピーカーから曲名も知らないジャズ演奏が爆音で流れていた。その当時は、そもそもJAZZのインプロビゼーションすなわちアドリブ演奏が、コード進行や決められたモードというルールに基づいて、曲ごとの決まった長さのテーマ分の小節数を繰り返し、即興で演奏されることなど、全くわかっていなかった。

しかしそんなジャズの曲の中で一度聴いたら忘れないような、耳に焼き付くようなソプラノサックス演奏の曲があった。ややノスタルジックなメロディーに心惹かれるその不思議な曲は、映画『サウンドオブミュージック』の中の有名な一曲『マイフェイバリットシングス（My Favorite Things)』のジョン・コルトレーンによる演奏であった。原曲のメロディーから始めて

徐々にグルーブ感ある音色を奏でながら、やがて全く独自の世界に聴衆を巻き込んでゆく。そしてワンコーラス、ツーコーラスとモード奏法によるアドリブ演奏が進み、怒涛の如く激しさを増してゆく。

１９４０年代後半から50年代初頭、ビ・バップの時代の稀有な天才としてチャーリー・パーカー（アルトサックス）が、彗星のごとく現れた。幾多の自作曲も含めた名曲を、コード進行に基づいた超絶な高速アドリブで料理し、軽々と滑らかに演奏してしまう驚異的な才能のパーカー。

それに続き、50年代終わりから60年代に入り登場した、新たなジャズ演奏法であるモード奏法の先駆けとしてのモダンジャズのもう一人の天才がジョン・コルトレーン（テナー＆ソプラノサックス）である。メジャー（長調）やマイナー（短調）などのスケール（音階）から曲調を決めるモード

ザルツブルグ旧市街ゲトライゼ通り、そしてアルプスに程近い絶景の山々と湖

（音列）を選び出し、より自由なインプロビゼーション（即興演奏）に展開してゆく、革新的なモード奏法を生み出した。

のちに自分でもサックスを手に入れ、何十年かけて練習し続けても、容易に真似できない伝説の天才たちは、今現在の自分よりはるかに若い年齢で、とっくの昔に他界されてしまっている。音楽における天才は、生まれついてのものであろうことは、首肯せざるを得ない事実であると日々痛感。

つい力が入って、脱線が長くなってしまったが、今回は不思議な魅力あるメロディーのワルツ曲『マイフェイバリットシングス』にちなんで、１９６４年の映画『サウンドオブミュージック』の舞台となったオーストリアのザルツブルグを訪ねてみよう。

だいぶ以前に、オーストリア・ウィーンからザルツブルグに向かう鉄道で、途中駅リンツから程近い、現地では有名なリンゴ果汁メーカーを訪問したのだが、購買業務に絡んだ出張なので有名な歴史的観光地ザルツブルグまではスケジュール上行くことは叶わず、頭の片隅に、いずれ一度は行ってみたいものだと思っていた。その頃、かの有名な天才音楽家アマデウス・モーツァルト生誕の地であり中世の街並みをそのまま残すザルツブルグ旧市街は、世界文化遺産に登録されてもいる。

２０１５年は、映画『サウンドオブミュージック』誕生から50周年の年であった。ザルツブルグの市内は、世界中の観光客で賑わっていた。この街の人気の由来は、今では、モーツァルトよりなにをおいても、映画『サウンドオブミュージック』である。

さて、なぜ今回の紅茶見聞録に、ここザルツブルグを選んだのだろう？　それを、これからお話ししてゆこう。

『ＤＯＲＥＭＩ』すなわちドレミの歌に隠された謎が今回、解き明かされた。少し、大げさだが（笑）。

まずは、ジュリー・アンドリュース主演のドレミの歌を聞いてみよう。
日本では、全く異なる日本語の歌詞で大変有名なミュージカル曲として普及してしまったが、オリジナルの歌では、ＴＥＡが登場する歌詞が含まれていることを発見。
メロディーはもちろん変わりないが、歌詞は、始まりから、「ドは、ドーナツのド」ではない。そして、最後のシ（ティ）まで、すべて違う。英語版を歌ってみようとするが、日本人の私にはなかなか英語の歌詞が頭に入らず、結構難しい。

Do/ Doe a deer a female deer　ドは鹿、メス鹿のこと
Re/Ray　a drop of golden sun　レは光線　黄金の太陽の光
Mi/Me　a name I call myself　ミはミー　自分を呼ぶときの名前
Fa/Far　a long long way to run　ファは遠い　長い長い走る道のり
So/Sew　a needle pulling thread　ソはソウ　針で糸を引いて縫う
La/La　a note to follow So　ラは　ソに続く音

そして次にいよいよＴＥＡが登場する。

Ti/Tea　a drink with jam and bread　ティはティー　ア・ドリンク・ウィズジャーマンブレッド

何度聞いてもジャーマンと聞こえ、「ドイツのパン」を思い起こさせるように紛らわしく、歌っているよう。変な歌詞だと思っていたが、正しくは、ア・ドリンク・ウィズ・ジャム・アンド・ブレッドだったのだ。紅茶には、やはりジャムとパン……ならわかる。

That will bring us back to Do
　　　　　それからドに戻るのよ。

時は第二次大戦前、ナチスドイツがオーストリアを併合して、支配下にせんとする時代背景である。17歳の長女を筆頭に、女の子５人、男の子２人の子供たちを抱え、先妻をなくし男一人で子育て中のトラップ大佐は、祖国オーストリアへの愛国心が誇りである。ザルツブルグの湖畔の邸宅で暮らすが、家庭教師は中々居つかない。新たな家庭教師として、修道女見習い中のマリア（ジュリー・アンドリュース）が着任する。そして、マリアは、子供たちにドレミの歌を手はじめに音楽の楽しさを教える。やがて、トラップ大佐とマリアは結ばれ結婚するが、周囲にはナチスドイツの影が強まってきている。家族は祖国の名誉にかけ、ザルツブルグの祝祭劇場で開催される合唱コンクールに参加することになる。大佐家族の合唱団が歌うドレミの歌とお別れの歌などの出来栄えは群を抜いていたものの、優勝者の表彰式後にはトラップ大佐を捕らえて、軍役に連れ出そうとナチス一派の将校と軍属が目を光らせ、観客席で待ち構えている。ドレミの歌中のジャーマンブレッドに聞こえる歌詞は、ドイツを持ち上げておいて、一連のナチに洗脳された集団を油断させようとしたのではないか？　とこの映画が世に出て50年以上もたった今、「そうだったか！」と気がついたのだった。

私自身の英語耳が未熟なだけかもしれないけれど、面白い推理ではないだろうか？

でも、間違いなく言えることは、ドレミの歌の歌詞に登場するほど、子供にもわかる飲み物がＴＥＡである。ザルツブルグでは、歌の中に紅茶がありましたという一つの発見。

有名なザルツブルグ音楽祭が行われる開場前の祝祭劇場には、セレブが集まってくる。右は劇場の一つで、岩壁をくり抜いて三層の観客席にしたフェルゼンライトシューレ（馬術学校の岩壁という意味）。映画の最後のクライマックスに近づき、合唱コンテストが行われた、旧コンサートホール

旅行者で賑わっているモーツァルト広場

ウィーンでエンジョイ！　スイーツ＆ティー

モーツァルトやカラヤンの生誕の地ザルツブルグに加え、音楽の都ウィーンも言わずと知れた数々の大音楽家を輩出しているが、そちらの方面のお話は、数多の詳しい方々に解説をお願いするとして、紅茶見聞録的にウィーン探訪をしてみたい。

タタタタター、タ、タァタター、タタタタタータター

これは、だいぶ古い1949年制作の白黒作品の大傑作といわれるイギリス映画『第三の男』の不滅のテーマ曲メロディー。聞けば殆どの人が「ああこの曲ね」とうなずくことだろう。かつて何度か、テレビで放映した折に見た記憶があるが、ストーリーがよくわからない。ただ暗い雰囲気の洋画という印象だけが残っている。イギリスの作家グレアム・グリーンの同名小説を映画にしたそうなので、こちらを読んだ方が、筋書きが良く理解できることだろう。ウィーンがこの映画の舞台であるということなので、あらためてじっくりと見てみた。この映画の中身には深入りせず、一点、映画のなかでの『第三の男』ハリー（オーソン・ウェルズ）の恋人である女優アンナ（アリダ・ヴァリ）が、出演を終えた楽屋で主役のアメリカ人の男マーチンス（ジョゼフ・コットン）に紅茶を薦めて淹れ、「もう一杯いかが？」と聞くシーンがあった。

“Would you like some tea?”（お茶でもいかが？）

"……"

"Some more tea?"（もう一杯いかが？）

"Well, ok."（もう結構）

といった他愛もないやり取りだが。

この主役の男が映画の中で投宿していたのが、ウィーン国立オペラ座横にある有名なホテルザッハーであった。ザッハートルテを味わいついでに入ったところ、クラシックで絢爛豪華な

［上］ホテルザッハーのクラシックな雰囲気のロビー
［下］ホテルザッハーの人気スイーツ有名なザッハートルテとアプフェル・シュトウルーデル。
スイーツに合わせての定番の飲み物は生クリームを浮かべたウインナーコーヒーだが、ザッハーブレンドの紅茶も人気だそうで

ロビーからほど近い壁には、ブルース・ウイリス、ニコラス・ケイジなどハリウッド映画スター達が訪れた記念の写真が壁一面にあった。有名映画スターがこぞって訪れているのは、映画『第三の男』に登場するホテルであることとも関係があるのだろうか？　ふと思った次第。

終わりに

オーストリアが舞台の二大傑作映画に、ティーはしっかりと登場している。

実際、ウィーンやザルツブルグに行ってみれば、ホテルや人気のカフェで、人々はおいしい伝統のスイーツに合ういい紅茶を楽しんでいる。

オーストリアの紅茶見聞録をきっかけに、音楽の都、オペラ、歴史的な世界文化遺産の数々、そしてオーストリアアルプス巡りなど、バーチャルでもチャンスがあればリアルにも体験されてはいかがでしょう。

次は、いよいよ待望の紅茶生産国ケニアへと飛ぶことにしよう。

［上］高級食品スーパー・ユリウスマインル内にある路面のカフェ

［中］［下］どこのカフェにもTEE（TEA）メニューがあり、楽しめる。高級スーパーには品ぞろえ豊富な紅茶売り場があり、人気の老舗紅茶専門店TEEHAUSも、賑やかな通りに店を構える

紅茶見聞録

Column
2

和食の時でも紅茶は合う

大分以前のある日の朝、和食のご飯を食べていて気がついたことがある。ミルクティーは、納豆ご飯によく合う。ねぎの薬味が効いたしょうゆ味の独特のねばった納豆の味が、ご飯とともにモグモグと咀嚼され味わい深く飲み込んだ後も暫く口の中に残っている。そこでミルクを多めに入れたホットミルクティーを飲めば、納豆独特の味が徐々に消えゆき、得も言えぬ調和がお腹の中に訪れてくる頃、まろやかなミルクティー風味が口の中で優勢に置き換わっている。そして、口の中はサッパリとした食後感。砂糖を加えたやや甘めのミルクティーの場合も、食後の和のスイーツ的な口直しのようで、とてもいい塩梅だ。

ウィークデーの朝食は、ほぼパン食の我が家だが、毎週の週末土曜の朝は、私は納豆とごはんを食べることが多い。ウィークデーの不健康さを解消したいのか、なんとなく体が求める健康食の納豆を食べたくなって、パンではなくご飯を食べる。でも準備する飲み物は原則マグカップに牛乳を入れてから紅茶を注ぐミルクティーなのである。

そして納豆に続いて、日本の朝食といえば、海辺の宿でも必ず出てくるアジの干物などの美味しい焼き魚を思い浮かべるが、まさに和食のお伴の焼き魚である。イワシやサバなどのいわゆる青魚の干物などでも食後にミルクティーを飲むことが妙にマッチして、なぜか、口の中から所謂魚臭さが消えて後口さわやかでお腹にも優しい気がするのである。

納豆の臭み成分には、イソ吉草酸（汗ばむ足のいやな臭い成分）やイソ酪酸、青魚の干物等の焼き魚にはいい香りだけではなく魚臭いアミン系の臭い成分（生臭味や腐敗臭につながる成分）も微かな痕跡程にいい具合にバランスされて絶妙な味わいになっていると考えられる。

人間は食を楽しむ面での大きな進化を遂げつつも、動物としてクサい発酵臭や悪臭に本能的に惹かれるところがあるのではないか。

納豆のねばねばの糸引きの成分は、γ（ガンマ）-ポリグルタミン酸という高分子成分で、うまみ成分のアミノ酸であるグルタミン酸が多数繊維のようにつながってできるのだそうだ。これはたんぱく質との結合する性質の紅茶ポリフェノールと口の中で出合い、ネバネバが減ったように感じる組み合わせなのではないか？　また、熟した納豆の嫌な臭いの成分にはアンモニアが含まれるし、鮮度の落ちた魚類には前述のようにその生臭みを感じさせるトリメチルアミンなどのアミン系の成分がある。これらはともに弱アルカリ性成分なので弱酸性成分の紅茶ポリフェノール類とは化学的には中和する関係にある。ここに臭いを消しスッキリとさせる消臭効果があるのかとも想像される。

そんな理屈はともかく、納豆好きでかつミルクティー好きの方には、是非週末の朝食に、納豆とよく合うミルクティーを飲んで試してみて頂きたい。知ってビックリ、新たな楽しい朝食パターンが一つ加わることでしょう。発酵食品と発酵茶には、マッチングのヒントがありそうだ。

Have a good and healthy weekend!

紅茶見聞録　その10

魅惑のルビーレッド、ケニア紅茶

紅茶見聞録も回を重ね、紅茶に関わる国への訪問数が増えてきたが、ここを知らずして紅茶を語れないという国をまだ残している。そう、それは質量ともに世界一ダイナミックに成長を続けている大紅茶生産国ケニアだ。その勢いをもらって今回も元気よく、スタート！

日本では、セイロン紅茶やダージリン紅茶の知名度と人気に押されてか、ケニア紅茶として販売されているのはあまり見かけない。だからケニア紅茶といってもどんなお茶なのか、ピンと来ない方も多いだろう。しかし紅茶輸出量では他国を引き離し今や世界一、伝統の紅茶国イギリスで販売される製品には、圧倒的な最大シェアでブレンドされている。

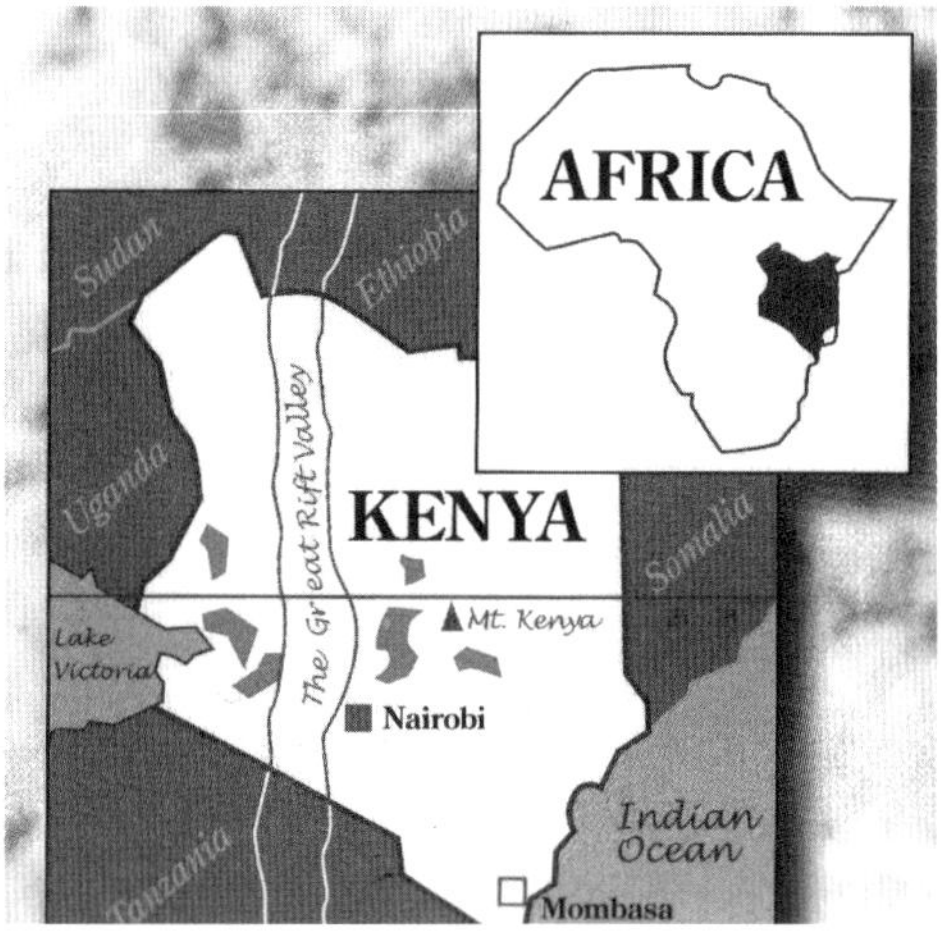

ケニア国内点々と島の様に見えるエリアが紅茶の生産地で、その中央を南北にグレートリフトバレーと呼ばれる大地溝帯。その南東部分に首都ナイロビ、紅茶の積み出しは、オークションのあるモンバサから行われる（『ケニアの製茶業』ケニア茶委員会資料より）

この際いっそのこと東アフリカのケニアまで行き、本物のケニア紅茶の全貌を見てみよう。その上でピュアなケニアティーを味わったならば、思いもかけない発見にめぐり合えることだろう。

というわけでいよいよ残された魅惑の大陸・アフリカのケニアまで足を延ばすチャンスが訪れた。

日々悩ましい出来事や新たな難問が現れる現代ストレス社会、そしてスマホから嫌でも溢れる情報に晒され、刻々と進化するIT環境を受け入れなければ取り残されてしまうのではないか？そんな恐怖の文明社会からせっかく脱出するのだから、存分に楽しんでみよう。

日本からケニアの首都ナイロビへは、かつてはロンドンやアムステルダムなどヨーロッパ主要都市でケニア航空などに乗り継ぎ、総飛行時間20時間ほど掛けて行くことが多かったが、近年は、中東のUAE（アラブ首長国連邦）のドバイやカタールのドーハには素晴らしいハブ空港があるので、そこを経由してゆくのが距離的にも時間的にも有利のようだ。

1999年12月、初めてのケニアに到着した際には、ナイロビ空港から少し出たところの野原に、なんと野生？の背の高いキリンがいたのでビックリ。周りの人はだれも驚いている様子はない。ここはアフリカ・ケニアという異空間の大地に来たことが、直ぐには腑に落ちなかったことを思い出す。まさに既成の観念からの脱出が必要なのだ。

［上］ケニアの首都ナイロビ（＊）
［下］勇敢な部族・マサイ族のダンス（＊）

ケニア紅茶の誕生

近年約50万トン前後の年間紅茶生産量はインドに次いで世界2位。輸出量では、繰り返すが、世界1位の大紅茶生産国だ。その歴史をたどれば、アフリカ大陸に全くなかった茶の樹が最初に導入されたのは、1850年頃、南アフリカ東岸（旧名ナタル州）だったが、紅茶生産最適地ケニアでの1920年以降の本格生産にたどり着くまでには、相当な年月を要することになった。それは南アフリカから赤道直下・ケニアに向けての北上の道筋で、東部アフリカ諸国ジンバブエ（旧国名ローデシア）、モザンビーク、マラウィ、タンザニア（旧国名タンガニーカ）を経由して数千キロという遠大な距離を巡ったことになる。

インドをはじめとする英国植民地での新産地創造という見事な成功実績を経験したセイロンやインドからのティープランター達は、新産地開拓に向けたパイオニアとして、アフリカ東岸の未開拓の諸国に意気揚々と野望をもって上陸してきたことだろう。

最近までアフリカの紅茶ビジネスには、「なぜ、こんなところまで?」というくらいに、英国系白人や、インド・スリランカ出身のティーマン達が、決して嫌味なく、むしろ紳士的にチョイチョイ顔を出してくる。ティービジネス自体は、地球をまたぐグローバルさだ。

ケニアの大紅茶産地が分布するのは、大地溝帯・グレートリフトバレーの東西の両サイドになる。数百万年もの地殻変動による隆起と侵食の結果として、できたそうだが、正にそれに沿って、赤道直下の標高1500～2700メートルという高地に永遠の緑の絨毯とも言われる広大な茶畑が広がっている。

豊富な太陽光線と適度な降水量（大雨季・小雨季という年2回の雨季）そして肥沃な土壌という自然条件があるケニアでは、今からおよそ百年前の20世紀の初めナイロビ近郊で茶の栽培が始まったそうだ。

それが今ではケニア最大の輸出産業にまで成長し、紅茶産業に従事している人は全人口の10％近くになる。したがって国の経済への貢献度は大変大きく、国を挙げて茶産業の発展を推進している。

見渡す限りの茶畑、永遠の緑の絨毯ができた！

ケニアでの茶生産の大成功に拍車をかけたのは、最初はブルックボンド、ジェームスフィンレーなど大手茶産業の資本が、大地溝帯西部茶生産基地（ケリチョーなど）を、築いた。彼らは現在も、多国籍大企業資本で組織されたKTGA（Kenya Tea Growers Association）として、グループ分けされている。

一方、今のケニアにおける紅茶生産の主役は、国内組織でもあるKTDA（Kenya Tea Development Agency）へと移っている。

見事に組織化された生産体制として、ケニアの全国茶農協組織会社であるKTDAは、ケニア内陸部中央を縦断するグレートリフトバレー（大地溝帯）の東西に広がる広大な高原地域に、現在65の製茶工場を運営しており、全国の小規模生産者から生葉を集荷し製茶を行い、その量は国内生産量の約60％を占めている。KTDAのそれぞれの工場周囲には、契約茶農家があり、KTDA独自の生産指導のもと、良質茶葉が生産される。スモールホルダーと称するこの小規模の茶生産者から、良質の茶の生葉のみを生産供給させ、買い上げる仕組みを構築しているのだ。決算年度ごとに工場の収益管理が行われており、利益貢献に応じたボーナスが生葉の小規模生産者に還元される。すなわちよい茶葉をたくさん生産供給すれば、収入がアップする仕組みである。

永遠の緑の絨毯。ヴィクトリア湖近くの西部高原産地ケリチョーの茶畑［上］と手摘み風景［下］（＊）

世界のティーバッグ市場へ〝ウィ・アー・ザ・チャンピオン〟

品質をあげるための方法の一例として、「一芯二葉摘み」の徹底があげられる。これはクオリティーの高い紅茶を作る上での必要条件だが、いざ徹底して実行するとなると容易なことではない。なぜなら、収穫量のことを考えれば、葉の大きい3葉、4葉まで、摘採した方が容易に総収量を増やすことができるからだ。

ところが茶ポリフェノールすなわち茶カテキン成分は、先端の芽と二枚の葉（1 Bud & 2 Leaves）に特に豊富に含まれている。いっぽう3葉、4葉と葉枝の下に行くほど、葉には繊維質が増えて硬化してくる。したがって、できるだけ収量をあげ収入を増やしたいと考える茶生産農家のジレンマを制して、量を抑えて品質を守るよう指導するには、茶樹育成管理の正しい理解に基づいた摘採技術の教育が行われていることだろう。

こうして茶の主成分たるポリフェノールリッチな良質な原料生葉が、手摘みで収穫・集荷され工場に到着する。それに続いてＫＴＤＡの製茶工場では、統一的に生産管理されたＣＴＣ製法（ここでは最初が〝Crush〟ではなく、〝Cut Tear Curl〟の略）で、グレード分けされた外形が球状の紅茶が生産される。輸出向けの上級茶葉のグレードは、サイズの大きい方から順にＢＰ(Broken Pekoe)、ＰＦ(Pekoe Fannigs)、ＰＤ(Pekoe Dust)、Dustの主な4種類に、仕上げられている。そのうち約55～60％の割合を占める約１㎜径のＰＦグレードが、世界の消費の中心となるティーバッグ用の用途に、使われているのである。

ケリチョーの茶畑で子供達に出会って、「ジャンボ！」

西部のケリチョー地区にあるＫＴＤＡテガット紅茶工場（＊）

元々は、ケニアでもセイロン紅茶と同じようなオーソドックス製法で生産が行われてきたが、欧米をはじめとする先進消費国での紅茶製品のティーバッグ化に合わせ、徐々にCTC製法への変更に、ドラスティックなかじ取りが行われた。CTC製法とはＣｒｕｓｈ（クラッシュ）Ｔｅａｒ（ティアー）Ｃｕｒｌ（カール）の頭文字をとった、文字通り「潰して、引き裂いて、丸める」工程を経て作られる短時間で濃く出る紅茶の製法である。１９９０年以降は、ほぼ１００％がCTC製法の生産となった。ごく最近ではさらなるマーケット拡大のため、新工場設備投資も盛んとなっており、高価格志向のリーフスタイルオーソドックスティーなどの新たなアイテム開発と実生産も始まってきている。

ナイロビにあるKTDA本部や産地工場を訪れた際、「なぜにCTC製法一筋に、統一したのか」と関係者に質問したところ、一様に「この製法のほうが茶の可溶性固形分が10％アップし、価値の高い紅茶ができるから」との意見であった。

確かにケニアティーをポットで淹れるとすぐに感じることだが、他の紅茶に比べて心もち濃く出るのだ。輝くような透明感があるルビーレッドの真紅の水色、そしてコクのある味とフレッシュなアロマが、実によく出る。

少し大げさだが、ルビーレッドの水色の秘密を解き明かせばこんなところだ。

茶葉中の豊富なカテキン類（無色）が、酸化酵素の働きで発酵し、紅茶ポリフェノールであ

美しい水色は、右に出るものなし（＊）

る2量体のテアフラビン類、略してTF（橙黄色から橙赤色）とさらに分子の大きい複雑な構造のテアルビジン、略してTR（赤褐色から暗赤色）へと酸化重合する。この発酵工程は発熱反応で、徐々に温度が上がってくる。そしてTF／TRが程よいバランスに生成された絶妙なタイミングを、CTC工程後の発酵工程の温度変化を計測することによって決定している。こうして、見事なルビーレッドの紅茶が出来上がるのだ。

もし酵素反応をストップさせるタイミングを逸したならば、酸化重合が進みすぎて、爽やかさを欠いた重たい渋みとなり、水色は赤黒く透明感を失ってしまうことだろう。

いってみればTF・TRは、紅茶の色

と渋みやコクの成分そのもので、その質とバランス（含有比率）が、品質の良し悪しを決めるキーであるということだ。そして広大な国土の中で大地溝帯の東西に分かれた生産地域による気候や標高のみならず、茶樹の樹齢が異なるため、同じＣＴＣ製法の紅茶といっても、茶園ごとの品質の特徴にはバリエーションや個性が現れてくる。

飲み方はお気に召すまま、どのように飲んでもおいしい！

このように、ルビーレッドの美しい水色に加えて、コクのある柔らかい味わい、そしてフレッシュで華やかなアロマを持つ、三拍子揃ったケニア紅茶は、どんな飲み方でもお勧めできる。ストレート並びにウィズミルクで、食事時でもスイーツと一緒でもいける、オールマイティーな紅茶だ。イギリスでは、イングリッシュブレックファストをはじめとする人気のブレンドに使われ、最大輸入国のパキスタンでは、メインのチャイやマサラティーとして飲まれていることだろう。

市内から数キロのところにあるナイロビ国立公園。

車で20分も行けば、キリン、シマウマ、トムソンガゼル、時にはライオン、チータ、サイ、カバ、ワニ……、に出会えるかも？

市内から数キロのところにあるナイロビ国立公園。
車で20分も行けば、キリン、シマウマ、トムソンガゼル、時にはライオン、チータ、サイ、カバ、ワニ……、に出会えるかも？

サファリの国、ケニア

大地溝帯・グレートリフトバレーを跨いだ大自然は、さまざまな新たな生命の源となり、多数の生物を進化誕生させてきた。近年の科学的な人類学研究によっても、この東アフリカが、正に我らが人類誕生のルーツの場所であるとされるそうだ。

そしてケニアといえば、誰でも野生動物の楽園を思い浮かべるように、いわずと知れたサファリの国。この国で人に出会えば、元気に「ジャンボ！」と挨拶するのが礼儀だ。

国内には、アフリカ最高峰キリマンジャロ山を望むアンボセリ国立公園、ビッグファイブと呼ばれる5大野生動物（ライオン・ゾウ・サイ・ヒョウ・バッファロー）が最も多く生息するマサイマラ国立公園をはじめ、数々の動物サファリができる自然公園がある。しかし自然をあなどってはいけない。ここでは、野生動物たちと人間は対等だ。いやむしろ彼らの生息地に入り込んだ人間は、邪魔者だろう。もし襲われて喰われてしまってもそれは自然の掟で、文句は言えない。

少し古い映画だがアーネスト・ヘミングウェイが自己の体験をもとにつづったとされる名作『キリマンジャロの雪』がある。グレゴリー・ペックが演じる主人公は、キリマンジャロ山麓のアンボセリでキャンプ中に、足に壊疽を発症し重体となってしまう。テントのそばの大木に、ハゲワシが飛んで集まってきている。不吉にもその数は日に日に増えてくる。そんなある晩、いよいよ、それはおぞましい面構えの一頭のハイエナが、太ももの包帯から滲んできている膿んだ血の匂いを嗅ぎつけ、テントに強引に忍び込もうとする。なんともいえぬぞっとするシーンが目に焼きついている。

ケニアが舞台の映画は結構多く、ジョン・ウェイン主演の『ハタリ』やライオンが主人公の『野生のエルザ』などまさに60年代の人気映画だったし、最近では、『ナイロビの蜂』という考えさせられる映画もある。

そんな映画人気もあってか、欧米人は案外気軽にサファリツアーに来ているようだが、こちらは残念ながらまだケニアサファリの体験までは、実行できていない。

ヒヒも眺める絶景の大地溝帯、グレートリフトバレー。ナイロビからケリチョーへ向かう道中

聞くところによれば、地球温暖化は、アフリカも例外ではなく、ここケニアにもその影響が及んでいるようだ。紅茶生産地では、過去に幾度も大規模な旱魃の被害を受けてきたが、サバンナ草原では近年砂漠化が進行しているそうだ。そして国内最高峰のケニア山（５１９９ｍ）の山頂氷河や、隣国タンザニアに属するアフリカ最高峰キリマンジャロ山（５８９５ｍ）の万年雪は年々退行しており、将来は姿を消す宿命にあるらしいのである。

だからこそそんな大自然の中で、野生動物と人間社会、「どちらの世界がいいか？」と考えてみるのはいかがだろう。

さてと、長い旅路の後は一杯のケニアティーで、ホッと一息。

それでは、いよいよ次に訪れる一番恐ろしい世界、文明社会に戻ってから、旅の計画を練ることにしよう。

……

おや、どこかで聞いたセリフみたいだ。

＊印のついた写真は、高嶋裕之氏撮影

紅茶見聞録　その11

或るロンドンでの出来事

エピソード1
少し後悔が残るアフタヌーンティー

「……それと、一流ホテルでのアフタヌーンティーも体験しておきませんと、話になりませんので」

20世紀も終わろうとするある年の初夏のことである。

着任間もない商社マンFさんに相談し、あるホテルを希望しておいた。このホテルは、ロンドン中心部の一等地メイフェア地区それもハイドパークに隣接しており、スタンダードルームでも一泊10万円近くはするらしい。

「アフタヌーンティーといえども、ここではやはり事前にリザベーションを取るのがマナーですね。今日の3時からという事で予約を入れておきましたよ。私達もいいチャンスですので、ご相伴に預かることにさせて頂き、4名で行きましょう」

初夏のパークレーン通り。向こう側はハイドパーク

メイフェアやハイドパーク付近には、名門ホテルが数多く立ち並ぶ。それぞれが、伝統の中にも趣向を凝らしたアフタヌーンティーを楽しませてくれる

ロンドン駐在暮らしが始まったばかりとはいえ、さすが海外通の商社マン、流儀を心得ておられる。

日本の中年のおじさんである我々4人を乗せた車がホテルの玄関口に到着すると、裾丈の長いモーニングのような制服を着たベテランのドアボーイが感じよくお出迎えだ。

中に入れば、豪華な生け花をこれでもかと飾った大理石つくりのロビーホールがあり、いよいよという期待感で一同若干緊張しつつもさらに進む。

すると奥行きのあるプロムナードと呼ばれる空間があり、ソファーが配置されており、ここでアフタヌーンティーが、始まっているようだ。上品な感じのご婦人方や若いカップル、裕福そうな年配のカップルなどが様々なティーでくつろいでいる。

Fさんがラウンジマネジャーに予約済みの旨、用件を告げ、中ほどのソファーの席に案内される。

黒いモーニングに身を包み、今思い返せば当時のサッカーのスーパースター、ベッカム似の快活なティーサービスマンが、われわれのテーブルを担当するらしく、早速自信に溢れるにこやかな表情でオーダーを聞きにきた。

"In the beginning would you like a glass of Champagne ?"

(最初にシャンパンをいかがですか?)

「アフタヌーンティーのコースが一人前20ポンド以上とは、結構な値段だが、シャンパンつきの豪華版でぜひ行ってみましょう」と私がメンバーに確認した上で4人分をオーダー。

同時に彼からティーのメニューを示され、最初のポットで淹れるティーは何にするかを決めオーダー。

いよいよおじさん、いや日本人の紳士4人でのアフタヌーンティーが始まった。

まずシャンパンが運ばれ、ほっと一息つく。ロンドンも、6月ともなれば陽気が良く、結構暑い位だ。でも上着を脱ぐのはしばし我慢しよう。

しばらくすると、フィンガーサンドウィッチが各種来たので、指差して分け取ってもらう。

シャンパンで始まるアフタヌーンティー

親指と人差し指でつまめる位の大きさの正方形で、中味はキュウリ・サーモン・卵・トマトなどで上品で自然な味だ。紅茶の方は、彼の説明と薦めに従って頼んだ、セイロンディンブラベースのホテルブレンドとアッサムが別々のポットで運ばれ、テーブルは既に賑やか。正統派らしくウィズミルクで飲めば、英国式ゴールデンルールで十分に浸出された紅茶の味わいは、もちろんケチをつける所なく、実に美味しい。

またサービスはてきぱきとなかなかに手際よく、こちらの希望を聞きとれるよう程良い距離を保つといった、温かい気配りも感じられる。

サンドウィッチのお替りもほどほどに終えると、今度はいよいよ有名なデボンシャー・クロテッドクリーム（デボン州のジャージー牛ミルクから作られる固くしまった濃厚なクリーム）にジャムが添えられ、出来立てのスコーンが来る。

おじさんたちには、やや取り付きにくいかと思いきや、

「イギリスでは、ごく普通に家庭でこれを上手に作るそうですよ」とどちらからか、ごもっともな講釈など出て来て、ご同席の皆さんそれなりに悦に入っている様子。

スコーンを食べているとどうしても、紅茶の杯数が進んで行く。それを見計らってか、「次の紅茶は、いかがでしょう？」

とタイミング良く、彼が聞いてきてくれた。日本の高級ホテルとは異なり、どうやら何度でも追加で頼めるらしい。

「次は何がお薦めかな？」

この質問で、ますますサービス精神が湧き上がってきたのか、とても自信に溢れた口調で紅茶の種類の紹介が始まった。

「それでは、アール・グレイとダージリンをお願いしよう」

“Yes. Sir!”（かしこまりした）

こうして2回目のお茶もテーブルに並び、かれこれ1時間半位は過ぎようとした頃、彼はいよいよホテルのパティシエ作のペストリー各種が綺麗に並べられた大きなトレーを良く見えるように運んで持ってきた。

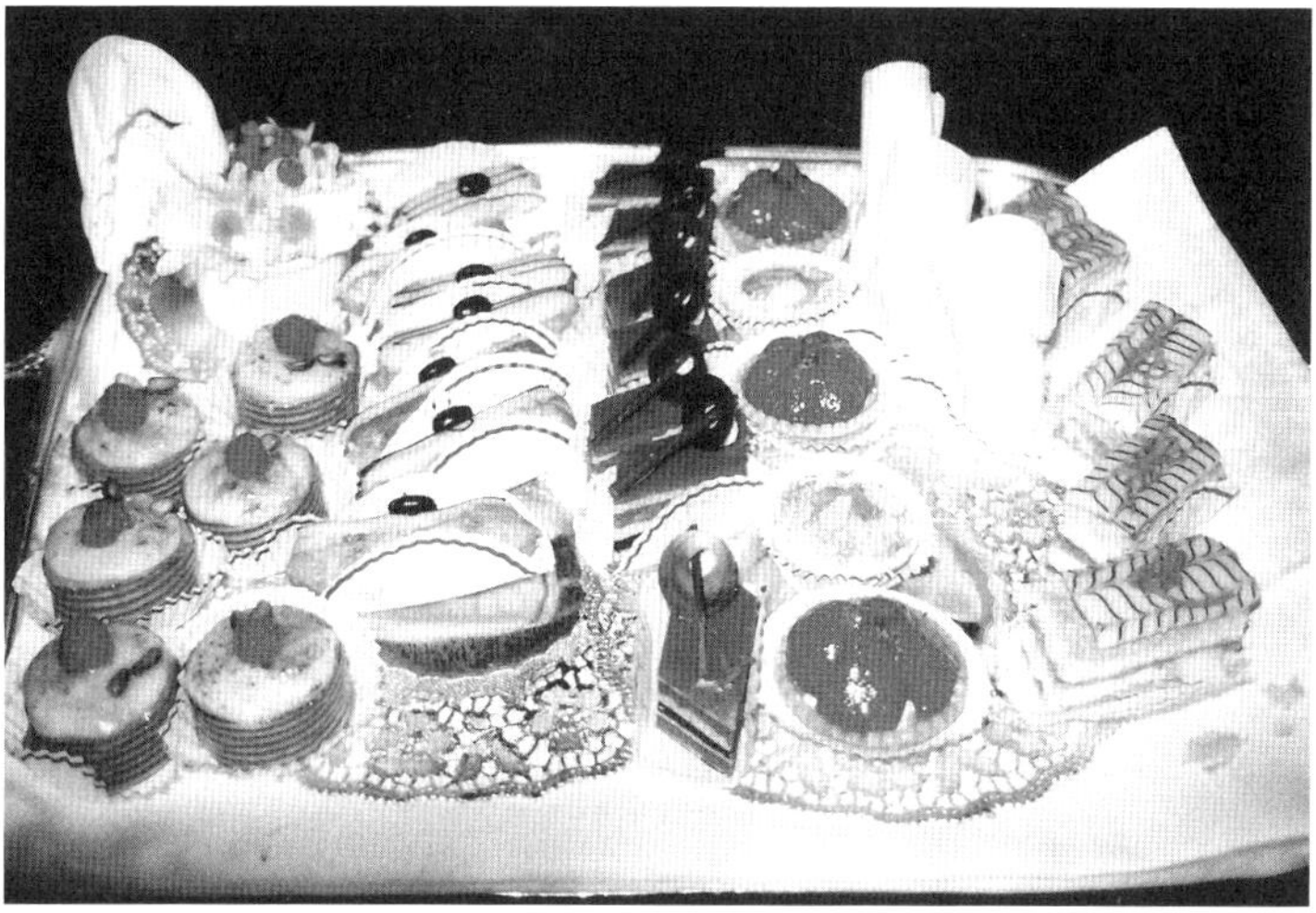

最後は、ホテルのパティシエが作る色とりどりのケーキや焼き菓子

「次はお好きなお菓子を、召し上がれ」

「どれも美味しそうだな。二つもらってもいいの？」

「幾つでもお好きなだけどうぞ」

おじさん達も子供に返ったようだ。

こだわりのケーキ類や甘いものもふんだんに食べ、紅茶もずいぶんと楽しんだ。するると次第に押し寄せてくる満腹感。コンプリートアフタヌーンティーの完結が、いよいよ近づいてきた。

そうこうしているうちに、テーブル待ちのお客さんもいる様子。
「それでは、そろそろ失礼することにしましょう」
彼を見て合図をし、
“Could I have the bill?”（お勘定を願いし

6月のハイドパークは、色とりどりの花が咲き乱れ、サーペンタイン湖は、やや霞んで見える

ます）

"Thank you. Sir!"（承知しました）

しばらくして、彼が勘定書きを持ってきた。

「これには、サービス料は入っているのでしょうか？」

「入っているはずですよ」

と、Fさんは教えてくれる。

「彼のサービスに対するチップはここに含まれているのだろうか？」

と少し気になる疑問が、瞬間的に脳裡をよぎったが、とりあえず伝票にサインをし、カードを添えて彼に渡した。

今考えると、彼が勘定場に向かうのに少しの間があったような気もする。

勘定が済むと、彼は帰り際に、

「今日のお茶はいかがでした？」

と聞いてきたので

「どれも美味しくとても素晴らしかったよ」

と返事をしたけれど、心なしかそっけなく別の客の方へと向かっていったのが思い出される。後にカード払いのときは、チップ分を自分で書き足して合計額で清算すればよいことを知ったが、後の祭り。

良いサービスだったのに、ベッカム君には悪い事をした。思い出しては、反省しきり。

ともあれ、こうして4人の紳士による午後のお茶会は幕を閉じた。

ロンドンで人気のサンドウィッチチェーンで

話は変わって、最近のロンドンはアフタヌーンティーの根強い人気に加えて、スターバックスなどのコーヒーショップの進出と定着はご多分に漏れず、好調の様子。そんな中で特に目立つのが、サンドウィッチチェーンのプレタマンジェだ。

実は、サンドウィッチやグルメコーヒー以外に、店で働く娘さん達が、結構イカしているのも惹かれるところ。ティーンエイジャーからせいぜい20歳を少し過ぎたくらいのかわいいロンドンっ子達が、愛想良くそして、きびきびと元気に働いている。特にハイドパーク・マーブルアーチ向かいの店で前回見た女の子は印象的。店の看板と同じ臙脂《えんじ》色のバイザーの後ろから、栗毛色のポニーテールがカッコよくなびいていて、実にイカしていたなあ。

しばらく後に出張で行った際、そんな好印象のあるプレタマンジェをナイトブリッジにも見つけ、朝食としてBLTサンドウィッチを食べに立ち寄った。サンドウィッチは、三角切り2個入り、カリッとしたロースト・ベーコンがレタス・トマトにまぶされ、うまくマッチングした結構イケる濃い目の味。エスプレッソ風のラテを少し甘くして飲むと、良く合う。スパイス効かせたチャイも相性よさそうだが、なぜかこちらはメニューにない。

この後ナイトブリッジにある高級デパート・ハロッズでフードホールの贅沢の限りを尽くした売り場などをマーケットリサーチ。そろそろホテルに戻って帰り支度をしようと考えていると、大事なカメラをどこかに忘れてきたことに気付いた。

「しまった！　いや待て、落ち着いて考えよう。そうだBLTをカウンターで食べているときは、確か横に置いていたはずだ……。そうだ、あそこだ！」

急いでその店に戻り、先ほどレジでお金を払った店の女性に、

「すみません。もしかして今から40分ほど前にここにカメラを置き忘れたようなのですが？」

すると、彼女は店長と思しき男性に用件を伝えてくれた。

「よかったですね。カメラはとって置きましたよ。持ってきますから少し待っていてください」

1分程して、正しく私のカメラが目の前に現れ、ほっと胸をなでおろした。

以前、同じロンドンでチップを払い損なった苦い経験が、再び脳裡をよぎった。

気は心と財布を出して中を覗けば、1ポンドコインに5ポンド、20ポンド札。ホテルのポー

ターでもあるまいし、1ポンドコインでは、かえって失礼。

「貴方の親切には、心よりお礼申し上げます。ほんの気持ちですがぜひお受け取りください」

と、5ポンド札を手渡そうとしたけれど、店長さん、かえって困ったような表情で
「いや、いや。そんな必要は全くありません。それでは、お気をつけて」

やむなく深く頭を下げて店を出ようとすると、彼はにっこりと微笑み、仕事に戻って行った。カメラは無事に戻っての帰り道は足取りも軽やかで、ややひんやりとした空気が頬を通り過ぎ心地よい。歩みとともに、何故かほのぼのとした気持ちが込み上げてきた。

外国に来ても、ふとしたことで人々の温かみを感じた出来事だった。

最近のプレタマンジェでは、ブレッドやベーグルを使った様々なナチュラルサンドウィッチ・サラダに始まる楽しいフードメニューに、シナモン・ベリー、レーズンなどでやや甘めのダニッシュやクロワッサンなどのベーカリー、クッキー・チョコバー・マフィンなどの焼き菓子系スイーツ、ポテトチップスなどのスナック・フルーツカット・カップスイーツなど、朝と昼の腹ごしらえメニューは、パーフェクト。何か食品アレルギーが心配な人にも各メニューの原材料リストからアレルギー情報は、お店でもネットでも親切に示されており、安心できるメニューをオーダーすることができる。自然派の商品つくりで健康安全志向については、なかなか細やかな姿勢が感じられる。面白いのは日本では考えられない丸の赤リンゴ1個0・6ポンドとメニューにあるのには、リンゴをそのままかじるであろうイギリス人の昔ながらの素朴さを

見る思いがした。ロンドン市内マーブルアーチ店の数あるブログ写真の中に、大きな口を開けて野菜サラダを大口で喰いつく（失礼！）ボリス・ジョンソン首相が登場していた。

エピソード2
今度はもっと上手に楽しむ、本場のアフタヌーンティー

地球上では日本の北海道より北にあり緯度の高いロンドンだが、21世紀にはいるとかなり頻繁にヨーロッパ各地で暑い夏が訪れていたようだ。そんなある年の8月半ばの午後、私は家族とともにロンドンの街中で汗を拭きつつ、徒歩で例の名門ホテルに向かっているところだった。出張で何度か来ているロンドンなので「市内は目をつぶってもわかるから任せておけ」なんてカッコつけて言ったものの、方向感覚が少し心配になってきていた。家族にとってはすべてが初めての経験だ。目抜き通りでのウィンドウショッピングの道草で時間を取り、本場のアフタヌーンティーを楽しむための予約時間が、近づきつつあった。額に汗が出始め、家族からも「こんなに歩かせるの？」的な眼差しが感じられる。すると有名ブランドショップやデパートが並ぶ確かオックスフォードストリートのある交差点の横断歩道で、思いもかけない出会いがあった。彫りの深い顔立ちに鋭いが温かみのある眼差しに見覚えのあるインド系紳士と目が合った。ハッとして、お互いに確認に要したのは、1、2、3秒位か。

"Oh!　Hello, Tanaka-san. How are you?"

なんとインド・コルカタ（カルカッタ）に住む長年の知人、キチル氏。彼はダージリンなどインド紅茶の世界では、内外でもまず知らぬ人はいない顔の広いティーマン。英国の重要顧客への訪問で来ていたのだろう。私は初のインド出張で知り合って以来、二十年以上、何かとお世話になっている。

「なんという偶然なのだろうね。我々は、ちょうど今、家族でロンドンに来ていたんだよ」

家族でロンドンに来たのは、自分の日常から背伸びをした贅沢なことだが、そんな時に街中で、また外国の知り合いに会うとは、想定外。

「俺は例によってロンドン出張だけれど、今、この通り息子のスニーカーを土産に買ってきたところだよ」

「そうだったんだね。我々は、これからアフタヌーンティーに行くところ、もうじきリザベーションの時間。こんな場所でお会いできたのは、なんとも偶然だったね。それでは、また」

決して、私の顔が広いわけではないのに、家族に対して少し鼻高々？の不思議な気分。

旧知の紳士との意外な遭遇であったが、時間の余裕は段々無くなってきた。やや人通りの少ない通りを左に右に曲がりながら、もう1キロメートルくらいは、歩いただろうか。家族の暑い中を歩き疲れたオーラを感じながらも、数年前に男ばかりで訪問したのと同じホテルの玄関にようやく辿り着いた。

今度は、妻と20代の二人の娘を連れての訪問で、女性中心のせいか大変和やかな雰囲気でドアボーイの紳士達ににこやかに迎え入れられた。豪華な生け花があるロビーからアフタヌーンティーを楽しめるプロムナードに着くと、係のお兄様に予約をしている旨を告げた。

「Mr.Tanaka　お待ちしておりましたよ」と、ホテルマンは奥に広く長いティールームの入り口から少し入った場所にある良質なソファー席に、案内してくれた。

アフタヌーンティーでの予約をしていたが、風格を感じるティーのメニューブックが来たので一覧後、私だけシャンパン付きにして、4人分のコースをお願いした。

いよいよ今回の旅の一つのハイライト、英国の本場アフタヌーンティーを家族に楽しんで体験してもらう一幕に辿り着いた。

これから始まる伝統のアフタヌーンティーを楽しみながらも、今度こそマナーを心得たスマートな客として過ごすことができれば、良しとしよう。

ここでは、世界を代表する有名産地の紅茶のクオリティーはもちろん、すべてポットでサーブされるので、いろいろな紅茶を何種類でもたっぷりと楽しむことができる。

そしてサンドウィッチ、スコーン、スイーツの順で、これも好きなだけ、存分に追加してもオーケーであることは、前回しっかり確認してある。やや普段の癖が出てしまいそうで心配でもある。

紅茶のオーダーについては、最初にロイヤル・ブレックファーストというホテル一押しのブレンドやアール・グレイなど3種類ほどを頼んだ。いよいよフードのスタートは、たっぷりのサンドウィッチが運ばれて来るのだが、私たちは好きなものを好きなだけ取って貰うことができる。

サーモン+クリーム、ハムとキュウリなど、端正に整った外観で、味わいもおいしいイギリス仕込みの細長いフィンガーサンドウィッチ。とってもおいしいので、皆のほおが緩んでいるのを見計らってか、先の「サンドウィッチをもっといかがですか?」とお誘いくださる。もちろんこのおいしいサンドウィッチをもう少し食べたいと思っていたところ。家族もまた嬉しそうにお替り。

そして、これに続いてたっぷりのデボンシャー・クロテッドクリームとプレザーブを添えた焼きたてのホテル特製スコーンが、運ばれてきた。やや固めでネットリとしたコクで甘みは少ない純粋なクリームに、砂糖の甘みと酸味が絶妙な果実感あふれるストロベリージャムのコンビネーションで、間髪入れぬおいしさの感動に浸っていると、これまた、「もう少し追加はいかがですか」と聞いてくださる。

家族は、“Little more, please…”などと自然と返事している。そして、「こんな嬉しいアフタヌーンティーは、初めて!」と皆の顔に書いてある。

スコーンは、最初に手で厚さを半分に割ったら、クリームを塗ったその上にジャムを乗せて食べる(デボン流)のもよし、先にジャムを塗ってその上にクリームをたっぷり乗せる(コーンウォール流）もまたおいしい。この順序には、イングランド南西部にある両派のシンパなのだろうが、自説を互いに譲らぬまじめな議論が尽きないそうだ。

そして、スコーンに合わせた別のお茶も楽しもうと追加のオーダーもする。

実に食い意地の張った食べっぷりだったことだろう。既にずいぶんとお腹がいっぱいになってきたが、これからいよいよホテル自慢のパティシエによる圧倒されるほどの種類のケーキ類が準備されている。品良く程よい大きさながら、クリエイティブかつ贅を凝らし数々のスイーツ類で、フードの締め、フィナーレとなる。

こうして、たっぷりと2時間は経ったことだろう、心と体が豊かに満たされて、スマートなお支払いをするのが、今日の道案内兼会計係の最も大事な仕事。

今回は、勘定書きに自分で素晴らしいサービスへのお礼の気持ち、すなわちチップを書き添えカードでのスマートなお支払いになった。締めて、ウン百ポンド。覚悟は十分だが、なんとも贅沢なTEA。皆様にとっては、決して驚く金額ではないことでしょう。

「お楽しみいただけましたか？」

「もちろん素晴らしい時間でした。日本からこのホテルのアフタヌーンティーを楽しみに来た甲斐がありました」

ホテルのスタッフの方々揃ってのにこやかなお見送りも素晴らしい、イギリス流のおもてなし。諸事を忘れてゆったりとおいしさに浸るこんな時間は、

A perfect excuse to indulge

自分の気ままな時間を過ごすためには完璧な作法、直訳するなら「怠けてサボるための完璧な言い訳」、です。

と、ここドチェスターホテルでは、もし行くことを躊躇されている方がいるとすれば、そのお客様への肩を押してくれている。

そしてもう一つ大事な点、お判りでしょう？　一日一食でいいつもりで、是非お腹を空かせて行きましょう。

紅茶見聞録

Column 3

紅茶とミルクは、どちらを先に入れるのがおいしいか？

ちゃんと美味しく入れた紅茶をミルクティー（with milk）で飲むとき、カップに紅茶を先に注いでから牛乳を加えるのが「ミルクインアフター」、牛乳を先に入れてからその上に紅茶を注ぐのが「ミルクインファースト」である。

どちらがおいしいかは、嗜好の問題で人それぞれの好みである。

どちらも同じように感じる方にとっては、最初にカップに紅茶を注いでその紅く美しいルビーレッドの水色を十分に目で楽しんでから、そこにミルクを注いで程よいバランスのミルクティー色ができるのを確認して、味わうのが紅茶の本来の楽しみ方であると考えるのが大変大変素直な当たり前のいれ方であると結論付ける。

一方、その順番を両方とも実際に試して飲んだ時に、自分はミルクを先に入れる方が、確実に自分の好みに合っており美味しく感じるという人が、実に多い。

まずは、実証主義的に、両方の入れ方で美味しさを比較してみよう。

紅茶も牛乳もごく普通に手に入る特別に高価なものや高級なものではない一般的な

品質のものとしよう。

どちらが正しく、おいしいのか？　議論されつくされてきた命題なので、残念ながら容易に新説の披露はできるものでもなさそう。科学的に考え解析した解釈では、

1．紅茶と牛乳の温度について

熱々の沸騰水で抽出した紅茶は、90度近くあるが、この熱い紅茶に液量20～30％の温度10度以下の牛乳を注いだ時、温度が70度以下に下がるまでに乳たんぱくの熱変性（たんぱく質の立体構造の変化とも考えられているが）が起き、風味変化が避けられない。

一方、先に10度以下の冷たい牛乳を注いでおいたカップに、熱い紅茶を注いだ場合は、最終的に60度以上にはなるものの乳たんぱくの熱変性が起きる温度には達しにくい。

2．牛乳のまろやかなおいしさは、乳脂肪の非常に細かい脂肪球が乳中に分散していることによると言われているが、脂肪球の表面にある膜はたんぱく質で構成されている。牛乳中には、さらにカゼインミセルと呼ばれる乳たんぱく質の粒子が主成分としてさらに多数含まれている。

熱によるこれらの乳たんぱく質の変性（立体構造の変化）が起きると、脂肪球の維持が物理的にできず変化が避けられない。牛乳のフレッシュなおいしさのもと

になる細かな脂肪球の維持ができ無くなれば、舌の上で感じられるまろやかさが失われてしまう。

という訳で、ミルクティーのおいしさを判定するための紅茶成分と牛乳成分の温度変化を解析する理論では、ミルクインファースト派の勝利を保証せざるを得ないが、バッキンガム宮殿のマジェスティーは、どちらに軍配を上げるのか？　地球上には竹を割る理屈が通らない世界が数え切れないほどあるのでなにも驚くことはない。

紅茶はくつろいでおいしく飲むのがいい。カップを持つ手の小指を立てることはおいしさとは、なんにも関係ない。

紅茶見聞録　その12

ボストン茶会事件を調べに、アメリカ合衆国に上陸

秋がだんだんと深まりゆき、空気がカラッとひんやり感じられるようになってくると、温かい紅茶が実にうれしい。

濃いめに淹《い》れたアッサムやセイロンの熱い紅茶にたっぷりの新鮮な牛乳を加えシンプルに楽しむミルクティー。

こんがり焼けたクッキー、ビスケットなどの焼き菓子もいいが、餡子系和菓子の大福餅やほのかな甘みの塩羊羹など、口の中の紅茶で溶けてゆけば、しばしの安堵に耽り思考が停止、休息へと自然な流れは止めようもない。

甘党の御仁《ごじん》は、グラニュー糖のみならず、さまざまなハチミツ、メープルシロップを加えるのもお好み次第、体を瞬時に温めてくれるブランデーを角砂糖とともにフランベして加え飲むのは、ティー・ロワイヤルという。ミュージカル『キャッツ』の映画版では、鉄道猫スキンブルシャンクスが、明るい歌声で夜行列車の客に出すモーニングティーは、“Weak or Strong ?”（紅茶は薄めで軽いのと、濃いめで強いのはどちらがお好み?）と聞くシーンがあった。スコットランドとロンドン間を走る夜行列車では、ナイトティーには、紅茶に本場のスコッチウイスキーを垂らすサービスでもあれば、きっと人気を得ることだろう。ブランデーティーといえば今は昔（今では昔話となるのだが）、小生が紅茶会社で若手社員であった頃のレトロな実話だが、ブ

クリスマス前のボストン市内の人気のショッピング街、クインシーマーケット

ランデー入りの紅茶というより、紅茶にコニャックを少し垂らすよう命じて自分流にして飲むのが常であった役員さんがいた。上等の紅茶は、同じ琥珀色の洋酒と実に色合いが良くマッチする。表敬に訪れた来客にも、とぼけて同じコニャック入り紅茶を出してしまう。そんなアルコール度数不明の紅茶では、今時ならハラスメントにもなろうが、独自の茶法で取引交渉の土俵作りをする豪傑の親分的役員がいたことを、懐かしく思い出した。ある気の利く女子社員が、コニャックに紅茶を加えた強めの一杯を出したところ、眼光柔らかにニヤリとされたそうだ。そして通常夕方になると毎日1本のウイスキーボトルを若手社員に使い走らせて

は、社内がバルのごとき立ち飲み屋的な人だかりとなり、酒が回ると社員への説教が始まる。そして皆の顔が赤らんで来ても、開けたボトルを空にしなければ、事務所の仕事の店終いにならなかった。

英国出身の移住者が多いアメリカで、人々がなぜ紅茶党にならなかったのか？

人々の飲み物の好みは、実にさまざまだが、嗜好飲料については、おおざっぱにコーヒー党か紅茶党かと聞かれることがある。

これを国別に分類してしまうのは、少し乱暴だが、敢えて行うならば、

○コーヒー党は、最も多く飲むグループのフィンランド・ノルウェー・デンマークなど北欧各国、次いでドイツ、イタリア、フランス、ベルギーなどのヨーロッパ諸国、ブラジルなどコーヒー生産国である中南米各国……。

○紅茶党は、イギリス、アイルランド、カナダ・オーストラリア・インド・パキスタンなど旧英国連邦各国、ロシア、ポーランド、トルコ・イラン・イラクなど中東諸国、リビア・モロッコなどの北アフリカ諸国……。

となる。

大国アメリカはといえば、一人当たりの飲用杯数でみると、圧倒的にコーヒー飲みとなる。

歴史上では、アメリカはイギリスからの移民が多く、かつイギリスから独立したのに、何故紅茶党にならず、コーヒー党になったのだろう？

そのなぞを解明するために、今回の紅茶見聞録は、有名なボストン茶会事件をたどってみたい。紅茶を憎み、飲むことを一斉にやめてしまう程の結末になる歴史的事件が起きた。18世紀の終盤、イギリス植民地時代のアメリカ東海岸でその話は始まる。

1700年代の後半といえば、お茶は唯一中国だけでそれも大半は緑茶が作られていたのだが、その中でも低級品で発酵度が高まった、紅茶に近いボヘアティー（武夷茶）の方が砂糖や牛乳を入れるのに味が良く合うというイギリス国内での好みの傾向が現れてきていた。この好みに合わせて、1750年頃には、中国産の安くてやや発酵の進んだ紅茶に近い茶の比率が50％を超えると以降その紅茶比率は年々高まっていく。東インド会社の帆船がアフリカ南端を越える大航海の上、イギリスへと運び輸入していた時代である。まだ、インドやセイロンなどの新たな英国植民地での紅茶生産は、始まっていない時代背景である。どうやら、中国から別の貿易商によって運ばれた安価の密輸入品の茶も増えてきており、関税を載せた正規品を扱う東インド会社には過剰在庫が、積もってきていた。

時のイギリス議会のトップである首相ロード・ノースは、アメリカ植民地への支配維持という頑固なまでの保守的判断から、その過剰な在庫茶である所謂「イングリッシュティー」に対して1ポンド当たり3ペンスの紅茶税を課したうえで、アメリカ植民地へ運んでの転売を、特別に許可した。英国東インド会社だけに独占的に適用するアメリカへの茶税を定めて、事実上それまで行われてきた他国からの茶輸入を禁止したのだった。

この茶税は、まさにイギリス国王ジョージ三世による植民地支配の権勢をあえて示そうとするもので、植民地人を2級国民とみなすかのような、卑劣で不当な法以外の何物でもないと感じさせてしまった。

これは第2次大戦の敗戦国に対して、各地に駐留米軍基地を設け、東側の仮想の敵国の攻撃から防御することの見返りに、例えば米国が日本に対して一定の費用負担をさせているということに似ている。いくら地理的に重要な拠点であろうと、日本人としては素朴に理不尽な感想を持つことに例えられる。皮肉にも、200年以上前の英国植民地であったアメリカが抱いた理不尽さへの感覚と通じるところがありそうだ。歴史は、愚かにも繰り返している。

話は18世紀末に戻って、バージニア州やマサチューセッツ州をはじめとするアメリカ東海岸植民地に対するイギリス本国による強権的な支配の色合いが高まってきた頃、自由を求めてイギリスから米植民地へと渡って来た移住者たちには、母国イギリスへの不満が高まり一触即発の状況下、1770年3月5日に、アフリカ系アメリカ人を含む5人のボストン市民がイギリス兵に銃殺されるという虐殺事件が起きた。

この事件は大きな衝撃として各植民地に伝わっていった。こんな中でイギリスは、植民地の沈静化のため茶税を除いた印紙税など他の各種の税の廃止を進める。

1773年、こんな情勢のもと東インド会社の紅茶を積んだ3隻の船は、ロンドン港を晩夏に出帆しボストン港に向かっていた。そのうちの一隻ダートマス号が11月28日に最初にボストン港に到着した。しかし紅茶以外の貨物を降ろした後に、再び沖合に戻され、碇泊《ていはく》中である。茶税反対運動の激しい高まりを察知し、荷降ろしと税支払いの手続きをすべき荷受会社は、市内から逃げ去り避難してしまっている。

英国法によれば、港湾に到着して20日後までに税を払い込まねば、税関は紅茶を差し押さえたうえに、茶税徴収のために売りさばく権限がある。

12月16日午後、紅茶税の払い込み期限である深夜が間近に迫り、底冷えのするボストン市内では、緊張感が極限に達していた。

何故、船が紅茶を降ろすための着岸ができなかったかといえば、アメリカへの愛国心ある市民たちが、イギリスによる茶税徴収を残した理不尽な植民地支配に反対して、荷降ろしを断固阻止しようとしていたからである。

マサチューセッツ州総督であるハッチンソンはイギリス本国側の立場をとっている。すなわち期限が来れば、英国法に基づいた紅茶の荷降ろし、差し押さえの強行を、英国海軍をバックに決断しているのだ。

加えて彼の2人の息子は東インド会社に勤め、紅茶の独占的交易で多額の利益を享受している。

彼らの動きに対して、マサチューセッツ植民地側の愛国者リーダーでボストン市民のサミュエル・アダムスは、トーマス・ヤング、ジョサイア・クインシーらと市民会議を招集、全会一致で断固、紅茶の荷降ろし阻止を決議した。

"No taxation without representation"

「代表権なければ、課税無し」つまり、イギリス議会へ物申す議員すら出させてもらってもいない不当な支配である。

リーダーのサミュエル・アダムスのもとには、ボストン中から数千人の市民が、次から次へと駆けつけてくる。

ボストン茶会事件から米国独立戦争につながった。

この極限状況のもと、いよいよ引き金が引かれることになる。

「茶を海水と混ぜてしまえ！」

合図をもとに、モヒカン刈りで知られるインディアン部族モホーク族に扮した市民の一団約90人が、埠頭《ふとう》に着岸したダートマス号・ビーバー号・ベッドフォード号の3隻の船に、すばやく乗り込んだ。税務係官や船の乗組員を追い払うや、すべての茶箱をデッキに運び出しては、こじ開けて、海に残らず投げ込んだのだった。342箱の茶は、3時間程で全てが海上に投げ出され、街の南部からドチェスター湾にまたがる海面一面に茶葉と茶箱が漂流した。

「海がティーポットになる、はじめてのお茶会だ。

今宵は、ボストン港でお茶会だ！」

行動を起こした一団の人々がその時こんなことを言ったというのは、ティーパーティーに引っ掛けて後から面白くした脚色らしい。実は植民地の人たちによる茶箱の海への投げ入れは、切

ボストン・ティー・パーティー博物館では観客を当時の気分にさせ、碇泊《ていはく》中のビーバー２世号から、茶箱を海に投げ捨てさせるというロールプレイングの演出をして人気だそうだ。2014年に現地訪問し撮影

羽詰まった結果の隠密での行動であったようだ。いずれにしても後の大きな展開への引き金ともなる有名なボストン茶会事件が起きた。

ボストン茶会事件をきっかけとして、勇気ある愛国者達の偉業をたたえ、全植民地中で、これに続かんとばかりに大きな流れを生み出していった。

ボストンに続いて、ニュージャージーのグリニッジ、チャールストン、フィラデルフィア、ニューヨークへと各地の港で植民地市民によるティーパーティー、即ち紅茶排斥の実力行使が、始まった。

１７７４年、ボストン・ティー・パーティー事件勃発を聞いたイギリス国王ジョージ三世は激怒。英国議会が植民地人を懲罰するための諸法案を、決議する。

一方、植民地側は、13州の代表からなる第一回大陸会議を開き、イギリスとの貿易終結を決議。

１７７５年アメリカ植民地独立戦争開始ともいえる武力衝突へと展開していった。

翌１７７６年７月４日、各地で英国との戦いが続く中、トマス・ジェファーソンによって、アメリカの独立が宣言された。

つまり、国を愛するゆえに紅茶を嫌い、飲用をあきらめていった。そしてコーヒーを紅茶に似せ、薄く淹《い》れて飲み我慢したのが、アメリカンコーヒー誕生の背景といわれるゆえんである。

とのこと。

もともとは、イギリス人であるとのアイデンティティーを自負していたはずの移住者たちが、独立という大目的に向かって大好きな紅茶を止めてしまうという、その筋書きは少し無理筋かとも思いつつ、アメリカ人の小学生向け歴史教科書に出てくるストーリーのご紹介。

［上］ボストン名物ロブスター、タラバガニにも似た実に旨い味で、このボリューム。ハマグリ入りのクラムチャウダー、生カキもボストンの超定番グルメ。アメリカも、実はおいしい
［下］ボストンで有名な老舗カキレストラン「ユニオンオイスターハウス」 ケネディ元大統領の贔屓のお店だったらしい

紅茶見聞録　その13

究極の紅茶とは

「本当においしい紅茶ってどんな紅茶でしょう」

紅茶飲料の新商品開発を全くの白紙から始めようというある会社の部長から、こんな質問をされて、なにからお答えすればよいやら、はてと考え込んでしまう事があった。

「まずは、原料の紅茶の選定、抽出機と抽出条件の設定をはじめとする製造工程の条件決め、殺菌方法、それから……、品質を左右するポイントが実にいろいろあります。どのようなイメージの商品造りをお考えなのかにもよりますので、一緒に考えてゆきましょう」

こんな会話から創造への熱意溢れるI部長率いる開発グループとの商品つくりが始まって行った。

①紅茶の選定は、贅沢に行くべし。

「紅茶の世界では〝世界三大銘茶〟なるものがあって、一にインドのダージリン、二にセイロンのウバ、三に中国のキーモン……」

などと通り一遍の有名紅茶産地の説明とその特徴について話し終えると、

「日本茶では、なんと言っても新茶が美味しいけれど、紅茶に新茶はないのですか？」

という質問を受けた。

「あるにはありますが、紅茶の大生産国インド・スリランカ・ケニア・インドネシアなどは、ほとんどが地球上では赤道に近い低緯度国で、日本のような四季はありません。一年中茶葉の新芽が芽吹き、生長するので通年で紅茶の生産が行われています。けれど北インドのダージリン・アッサム、中国のキーモンでは、冬には気温が下がり茶樹は活動を止めて休眠し、春が来ればいよいよ新茶の時期が到来します」

「紅茶の新茶にこだわった商品コンセプトは面白いのですが、まず価格が高いうえに、出回る数量が限られています。飲料生産のために必要な数量の確保が大変ですので、供給上お勧めできません。やめておきましょう」

「そうですか。それは残念ですが、飲料生産ベースに乗らなければ、意味がありません。そうしますと、よりオーソドックスな定番の中でも、既存勢力をあっと言わせるようなぐっと上の品質で行くにはどうすればよいでしょうか」

「日本人が好きなセイロン紅茶、特に香りの良いディンブラ・ウバといったハイグロウンの良品をベースにしたブレンドで試作し、香りの差別化策としてダージリンなどの高級茶の配合も次のステップに入れてはいかがでしょうか？」

「わかりました」

このような流れで、原料選定の方針が定まった。

②本邦初の技術すなわち、世界初のイノベーション（技術革新）で大ヒットを狙いたい。

さてここから、いよいよ出来上がりの品質決めのポイントとなる飲料化の工程である。

「本当に美味しい紅茶」の定説として知っておくべき、「ゴールデンルール」に基づく正しい紅茶の入れ方をお話ししておきましょう。

《ゴールデンルールのポイント》

1、ポットを必ず準備すること。

2、茶葉を正確に計量（一杯当たり2－3g）すること。

3、一〇〇度に近い沸き立ての熱湯を使うこと。

4、蒸らし時間（抽出時間）をしっかりと守って、カップにそそぐこと。

その際、激しく攪拌しないこと。

なんとここから、未経験ゾーンのスリリングな展開が始まった。

「それでは、このゴールデンルールで入れた味わいのボトル入り紅茶飲料を作りましょう」

「そうですね。しかし工場の設備に制約がありますので……？　つまり抽出機に関しては、ウーロン茶ドリンクや緑茶ドリンクにも使っている既存設備です」

と常識的発言で、少し前のめりになってきたI部長の熱さを覚まそうとはしたものの、

「いやいや、本邦初のクリエイティブなティーポット式抽出機を設計しましょう。この話を受けてくれそうな設備メーカーに心当たりがあります。水質と温度・時間の自動管理はもとより、美味しい紅茶の秘密である「ジャンピング（ポットの中で抽出中に起きる茶葉の不思議な上下動）」もしっかり起きてくれるような大型抽出機を妥協せずに造ってしまいましょう。そしてス

プーンで攪拌し過ぎないようなイメージを再現する軽いソフトな上下動を実現したいですね」

紅茶が本来持つ絶妙な味や香りをそのままに、すなわちそれを構成する無数の化学成分が淹れたての状態を保って変化しないようにする事ができれば、それこそ究極の紅茶飲料誕生のイノベーションとなる。

一方これを実現するまでには、堅いまじめな話として、技術的な問題解決はさておき、設備投資を含む事業計画策定と経営承認に漕ぎつけるための、顧客・参画する関係各社・生産受託工場すなわち利害関係者を中心とする多面的かつ包括的な契約ベースで決裁が、一般論としては必須である。

などと、難しいことを考えていたところ、なんと3、4か月したら、例のI部長より、直々に電話でご連絡を頂いた。

「田中はん、いよいよ素晴らしい設備が完成しましたよ。一緒に見に行きまひょか」

京都ご出身のなんとも柔らかなイントネーションであった。

話しぶりとは異なり、業界では凄腕ともいえる企画力とキーパースンへ直接の強気の説得を行う営業突破が有名で、敵も黙らせてしまうお方。とはいえ、ビックリする実行力である。

「本当ですか。やりましたね！　ぜひ見たいですね」

とはお返事したものの、もし期待される紅茶ができなければ、私にも責任の一端は免れない。

そんなこんなで、複数の資材供給企業で構成される開発チームのメンバーがワンチームとなって、現地に集結となった。

理想を追求し再現した全く新しい構造の新設抽出機での紅茶は、既存の製品とは一線を画すなかなかの出来栄えであった。そして香味にこだわった紅茶を中心にその工場から次々に新製品が誕生した。もちろんコンビニや自販機での露出頻度も高くなり、市場でよく見かけるようになってきた。

まずは、皆が役割を果たしたことに安堵であった。新製品志向の時代には、新製品が新たな客を呼び込むため、コンビニエンスストアを中心とするマスマーケットのマーチャンダイザーやバイヤーにとっては、ともかく差別化ポイントを追い求める流れになって行った。原料・製法・香味すべてにおいて差別化されたその商品群は、まず流通への採用は、スムーズに運んだことだろう。ただし唯一欠けていた要素として考えられるのは、日本でその設備があるのは、たった1か所だったことかもしれない。飲料のような大量生産による全国展開が必要な商品で、販売面で商品欠品が起きるようでは、棚に並べ続けることはできないのである。

あまり恩恵はなかった食品業界においてもバブル的に新製品乱発の時代がいつの間にか終わって行った。

それとともに、新製品はライフサイクル（商品寿命）が徐々に短くなり、千三とも言われるように成功確率が低くとも、どんどん新製品を仕掛け、打ち出してゆく時代が終わった。商品を投入する供給側も、新商品の提案、導入、在庫処理のサイクルの負担が体力上難しくなってきている。

時代は常に変化してゆくなかでも、いつも慣れ親しんだ味の商品が最も買いやすいという、安定志向ともいえる消費者動向が根強く、現在も続いている。食品の世界のマーケティングは、消費者の慣れた味への志向が強いのでかなり保守的な結果に落ち着くことが多い。

一方で気がついたら、これまでになく香味が良く、価格は上がらず、また容器もデザインも洗練されたペットボトル紅茶が市場に満たされている。品質についても、現在まで進化は止まっておらず、史上最高ともいえるレベルになっている。まさに生産性と経済性の両立をクリアして、消費者の嗜好を満足させている。が、もっと出せるであろう最高の品質との間には、少しのギャップがある。

ある世界的なソリュブル・コーヒーメーカーに在籍した友人が言っていた。

「優れたドライバーが世界最高性能の車でレースに勝つためのF1マシンは、マスマーケットでは、不必要なんですね。品質最高の新製品を量産するために既存の設備を変えなければならないとなれば、設備投資負担が大きくなり自らの首を絞めてしまうので」

開発者が考え抜いた究極の出来栄えは、買う側の消費者の求めるものと必ずしもマッチしない。

さらに、本当の紅茶好きは自分で選び、自分で淹れた紅茶が自分にとっての世界一だと決めていたりするので、究極の紅茶飲料作りはつまるところ簡単ではないのである。

紅茶見聞録　その14

紅茶がおいしくなる季節、クオリティーシーズンの謎を解明しよう

紅茶の世界では品質が特に優れる世界3大銘茶として、インドのダージリン・スリランカのウバ・中国のキーモンが、歴史的に昔から挙げられている。とはいっても、その名がついたすべての紅茶が素晴らしいということではない。ご存じの方も多いと思うが、それぞれに品質が最高になるシーズン（季節）があり、その季節の生産品の中でも特別良いものは、年によっても異なるが全体の中の一部だけに限られてくる。

• インドのダージリン紅茶は、5～6月のセカンドフラッシュ（2番茶）が、特有のマスカテルフレーバーを有し、紅茶のシャンパンとも称され、今も最高級茶の中のチャンピオンの地位である。ちなみにマスカテルの由来は、現地のオーソリティーの言を借りればムスク（じゃこう）から来ているとのことだったが、敢えてその香りを言葉で表現すればモモやア

ダージリン紅茶の1番茶ファーストフラッシュ（左の2つ）と2番茶セカンドフラッシュ（右の3つ）の色の違い。2019年5月末インド・ダージリンのシュリドワリカ茶園で

ンズなどに通ずる甘い果実香とドライでウッディー（木）な香りを絶妙にバランスさせた、いわば甘くカラッとした感じである。また、よく言われているマスカットグレープの香りとは異なっているようだ。

- スリランカのウバ紅茶は、8〜9月がクオリティーシーズンで、他に類を見ないユニークで爽快な香りであるサリチル酸メチルを生成含有する。セイロン紅茶特有の華やかでフローラル（花香）と果実香を加えたようなベースのアロマの中から、天然のサリチル酸メチルに由来するメンソールにやや似たスッとするシャープな香りがトップノートに来る。限られた名茶園のもので特有の香りが絶妙にでてきたロットには、オークションで高値がつく。

- 中国安徽省のキーモン紅茶は、4〜5月に作られる春茶が最高品質で、馨《かぐわ》しく甘いまろやかな蘭の花に例えられるユニークな薫りである。

現代の紅茶産業全体を見渡した時、キーモン紅茶については、安徽省祁門《キーモン》県の歴史ある生産者の伝統が維持継承されにくい状況変化が起きている様子で、なかなかかつてのイメージの紅茶の入手が難しくなっている。昔のレベルの伝統的な紅茶は極めて少なくなっているのが現実のようである。かつて現地を訪れた際には、世界の他の大紅茶産地とは一線を画す、いわば古き中国の半分家内工業的な製茶工場のままで、さらなる人気と評判の向上に必要とされる進化が止まっている印象であった。もともとは、英国王室向けのブレンドにも使われていたため、特に注目度が高かったのがキーモン紅茶なのであろう。今では、中国内での純粋なキーモン紅茶の生産量は減っているらしく、三大銘茶に名を連ねるだけの影響力は残念ながら失われたようである。中国の場合は、歴史ある福建省産烏龍茶や浙江省産龍井茶（ロンジン茶）などの高値の茶ほど、富裕層のみならず多くの中国人たちが買い求めたがる傾向が続いている。

一方で、この半世紀強で、世界中の紅茶産業の進化と変遷が起きているのだ。

他には、クオリティーシーズンティーとして

- 北東インド・アッサム紅茶の5〜6月のセカンドフラッシュが、まろやかなモルティー風味（麦芽に似た甘い香り）でミルクティーに合う絶妙な品質。
- 南インド・ニルギリ紅茶は、1〜2月の時期に、やや柑橘系の香味が優れた品種紅茶（クローナル）を作る名門茶園がある。
- スリランカのハイグロウン西部山地で生産されるディンブラ紅茶は、1〜2月がクオリティーシーズンでバラの花にも例えられるフローラルな香味でバランス良く、日本人好みの紅茶が作られる。
- ケニアには、大陸を南北に縦断する大地溝帯（グレート・リフトバレー）の東西に大産地が点在するが、年2回の雨季を跨ぐ乾季の間の7〜9月と1〜2月頃にクオリティーシーズンが来る。気候変動の影響もあり茶園ごとに、また、年ごとに変化する。素晴らしい品質の優良茶園製紅茶は、全くブレンドすることなく香味（香りと味のバランス）・コク・水色の3拍

子が揃った銘茶となる。

他にも世界の有名な紅茶産地には、特に品質が上がるクオリティーシーズンがあり、これらの3大銘茶が定まって呼ばれ始めた20世紀中頃の時代とは随分、情勢が異なってきている。が、しかしここでクオリティーが高くなる要素を、あらためて考えてみたい。

①特徴ある香りが特に増え、良い香りが強く出てくる。

②味が濃厚でバランス良い。

③水色が美しい明るい透明感ある紅茶の色になる。

同じ技術を持った紅茶の生産技術者が、自分の経験に基づく最高の職人芸で紅茶作りをしても、特に①の香りに優れた紅茶ができる季節が限定されるのは何故なのだろう。

私が考えた自然の生物の摂理に基づいた因果関係は、以下の通り。

それは、本来素性の良い茶樹である茶の生葉が、乾季に入ると土壌が乾いて土壌水分が減るとともに、次第に茶樹本体も水分が枯渇し始め生命維持のための態勢に入る。具体的には、本来ならどんどん太陽光線のエネルギーを使って、水分と必要な栄養素を吸い上げて、茶樹の生長点で成長を続けたいが、それができなくなってくる。人間だって、のどがカラカラに乾いたら、出来れば静かに休んで体力維持したくなる。そこで、カラカラの好天で紫外線の多く含まれる日差しの下では、茶の生葉は自分自身の生命維持のために、最小限の水分量を維持できるよう守りの態勢に入る。そして必要な栄養分を体内に温存し、外敵からの防御物質（ポリフェノールやカロチノイド他、香気成分の前駆体）をたくさん葉の中に蓄え始める。逆に雨季には、どんどん大きく育つための水分が十分に供給されるがその分、中身は薄まった茶葉になってしまう。

ある熟練のティーテイスターの話だが、好天続きで強い乾燥状態が続いた時に収穫された、「水分切れと風による葉擦れが起きたような少し葉がかすれたような生葉から、特徴の出た強い香りとコク味に優れた紅茶ができることが多い」とかつて聞いたことがある。

正にクオリティーシーズンが乾季に来ることと一致している。カラカラの乾季にとれた香味のもとになる成分がたっぷりと含まれる生葉からこそ、最高の品質の紅茶ができると考えたい。もちろんそれ以外の時期にも、現在の大生産地では普通においしい紅茶は、できる。

ワインの場合、めったに作れない貴腐ワインというのがある。これは同じように好天と乾燥が続き、木になったブドウの果実が萎れるくらいに濃縮されて、さらにある種のカビが着くことでさらに濃縮された状態のブドウができたときに、それをもとに発酵させ醸造したワインだそうだ。それだけに希少価値がある。特別の甘みある味わいと素晴らしいユニークな香りが出るとのことである。

晴れ続きのウンカ芽（グリーンフライというウンカは実際にダージリンにいる）は、ウンカが葉に侵入したため葉に茶色の筋ができ萎れ気味となるのだが、この時の生葉から作られたダージリンのセカンドフラッシュ、そして降雨がなく長期間晴天の旱魃状況に近い年のセイロンウバの特上品も、似たストーリーである。

紅茶の香りは、数百種類の香気成分のバランスで決まる

紅茶は、茶の木（ツバキ科の常緑樹　学名：カメリア・シネンシス）の生葉を発酵（酵素による酸化）させて造られる。私自身も紅茶のことを学ぶまでわからなかったことなので、きっとご存じない方も多いことだろう。紅茶の味の成分と香りの成分は、別々の成分であり、全く別の生成ルートでできる構造が異なる化学物質である。クオリティーシーズンの紅茶は、何が違うのかといえば、端的に言って香りが違う。

紅茶の味（渋み）の成分は、同時にきれいな橙赤色のいわば紅茶色の水色の元でもある水溶性の紅茶ポリフェノール成分。前章その10のルビーレッドの魅惑・ケニア紅茶の項で詳細にご説明した通り。

一方、香りの成分は、揮発性モノテルペン系成分といわれるグループの物質が多く、リナロール・リナロールオキサイド（甘い花や柑橘に通じる香り）、ゲラニオール（バラなどの花の香り）、ヘキセノール・ヘキセナール（青葉の香り）、サリチル酸メチル（湿布薬サロメチール臭）などのわかりやすい良い香りのほか、数えきれないほどのたくさんの種類の成分から成っている。紅茶に含まれる香りだけでもその数６００種類以上の成分が発見されている。有名な香水

ブランドに「ゲラン」という会社があるが、多くのブランドの有名香水には、門外不出の企業機密であろうがゲラニオールやリナロールなどの成分がリッチな天然精油が調香されているようだ。紛らわしいのは、ゲラン（ブランド名Guerlain）とゲラニオール（化学物質名Geraniol: 植物ゼラニウム由来）は似た発音だがその起源は全く異なる。一方、香料のムスク（麝香《じゃこう》musk）とマスカット（ブドウmuccat）やマスカテル（ダージリン紅茶のキャラクターmuscatel）は、同じ起源の言葉であるようだ。人間界の認識では、異性を惹きつける魅力の香りはフェロモンだが、ゲラニオールやリナロールのような花香でフローラルな香り成分が、その調香次第で人をより魅惑的な印象にしたり、はてまたエレガントな魅力を増幅させるフェロモン的香りになってしまうのか？　それは人それぞれの感じ方なのだろうが、いい匂いに違いない。物質としてのゲラニオールの場合、天然香気成分として自然界でも大変幅広い分布が確認されていて、香料原料としてはゼラニウムの花やレモンの果実に含まれている。花の女王であるバラの花の香りから、フルーツではモモ・リンゴ・ブルーベリー・ラズベリー・オレンジ・ライム・パイナップルなどの調香には、欠かせない香料である。

史上最高値の2003ビンテージ・ダージリンセカンドフラッシュの誕生

さて、熟練の紅茶ティーテイスターは、紅茶のテイスティングの際、スプーンですくった紅茶液を、「シューッ」と口から強く吸い込み、さらに時に「シュ・シュー」と数回ベロの上で転がしながら味わい、そこで渋みの質を調べ、同時にその飛沫から、鼻孔に飛び散り蒸発してゆく揮発成分の香りを神経集中して嗅ぎ分けてゆく。すべての紅茶で微妙に異なる様々な要素の味と香りを瞬時に、感知し、求めるクオリティー紅茶とふるい落すべき不要な紅茶を選別している。その際、ティーテイスターは、良い香りはもちろんだが、欠点となる様々な臭いや香りをも、微かでも嗅ぎ分けリストから外してゆく。良くない臭いの例として、青草臭・枯葉臭・湿気臭・カビ臭・硬葉臭・茎片臭・土壁臭・過発酵臭・焦げ臭・麻袋臭・古木箱臭・金属臭などがある。

世界の紅茶企業や紅茶生産会社には、優れたティーテイスターがいて、彼らがティーの値付けにおける中心的役割を演じている。正に品質の良好な紅茶をそれにふさわしい如何に良い価格で売買できるかは、ティーテイスターの腕にかかっている。世界最大のティーオークションは、インドのコルカタオークションであるが、そこでインド全体のオークションセールの約3分の一にあたるなんと20万トンもの莫大な紅茶を捌いているのが、インド最大かつ世界最大の紅茶ブローカーでもあるJ・Thomas社である。同社の会長且つ経営トップとして名を連ねているケヴィ・セット氏は、前回2019年の訪問時にとても親切にインド紅茶のテイスティング講義をして下さったが、いわゆるレジェンドともいえるような人物だった。

後に知ったのだが史上最高値を生み出した彼の話は、以下のようなものだった。2003年7

コルカタのティー・オークションルーム（2019年）

月14日のカルカッタオークション、ブローカーであるJ・Thomas社からメインのオークショナーとして登壇していたのが、彼だった。通常ロットごとの値付けでオークションが開始されたのち、徐々に高値を呼び込みながら競りを仕切るのが競売人たるオークショナーである。同社カタログのその日の数百点に上るダージリン紅茶リストの中でも、敢えて最後の一品としてリストに上梓されたマカイバリ茶園製のセカンドフラッシュのロット（約100kg）は、開催前から静かな噂となっていたそうだ。セット氏は、事前評価を踏まえたオークションカタログ作りにおいて、過去にない常識レベルを凌ぐ凄いキャラクターが現れた紅茶を見抜いていた。3000ルピーという前例のない高い開始価格でスタートした競りは、彼の采配で度重なるビッド（指値）を呼び込み、なんと最終的には史上最高値記録を大幅に塗り替え、落札決着した。価格は、キログラム当たり1万8千インドルピー、当時のレートでおよそ390USドル。登録メンバーだけが指値に参加できるのが産地国のティーオークションであるが、その日の参加全バイヤーたちは暑い会場内で汗をかきながら、固唾をのんで注目の最終ロットの決着に立ち会ったそうだ。

皮肉にも記録とは破られる宿命で、それまでの過去の最高値品の記録の中にバブル時代の1991年に、小生がいた日本の紅茶会社によって現地での買付落札されたキャッスルトン茶園製ダージリンセカンドフラッシュのロットNo.と価格が記されていた。最近ではことダージリン茶については、オークションを通さない直接取引が主流となっている。かつては、セカンドフラッシュの最高値品といえば、その年の世界の紅茶オークションにおける最高品質のビンテージ紅茶の象徴であったのだ。

今やIT先進国であるインドをはじめ、多くの生産国オークションは、会場に足を運ぶことなくインターネットで競り落とすことができるe-オークションとなった。怒涛の熱気に包まれる会場で、オークショナーの指揮のもと目に見える競合相手との買付勝負に意思を込めた発声で、指値する風景は過去の思い出となった。

ティーテイスターの感度の高い鼻とベロメーター

ティーテイスター達は現代でも、鼻で臭いをかぎ分け、舌で多様な味わいを絶妙に感知することで官能評価をしており、その感度のことを、サイエンスに逆行するアナログ世界といわんばかりに鼻クロ・ベロメーターと揶揄したりしたものだ。長年に渡る香気成分の精密な化学分析研究を重ねても、買い付けに関わる最終判断は熟練のティーテイスターの鑑定力に依存しているのが現実。人間の口腔は、鼻腔と通じているユニークな構造なので、食べ物でも飲み物でも、味と香りを複合させた香味を同時に感じることができる。それゆえ人間の味覚は、食べ物に対する欲張り且つグルメに高度な進化を遂げることができたのだといえよう。物理化学的数値でデジタル化しうるのが視覚や聴覚である一方、味と香りを

世界遺産ダージリン・ヒマラヤ鉄道の蒸気機関車トイトレイン。アジア最古の山岳鉄道で麓のシリグリからダージリンまでを現在も7時間かけて結ぶ。2019年5月

感じることができる人間の嗅覚はデジタル化することが難しい。なぜなら感覚・感性と記憶が結びついて初めて判断される人間独自のアナログ感覚であるからである。

鼻が良いとされる犬・象・熊などほとんどの動物では、嗅覚が独立して発達しており、人間よりけた違いな高感度な鼻になってはいるものの、それは主に臭いを察知し調べるときに使われている。食っても安全か否か？そして腹を満たす栄養物か？を判定するための嗅覚であるので、口に入れたら、人間の味覚とは全く異なる味を感じていることだろう。

ダージリンの自然が生み出す魅力的な虫達

すばらしい紅茶を生み出すダージリンは、その背後にある大自然とユニークな植物相ゆえ非常に魅力的な昆虫の宝庫でもある。空が晴れればパノラマのようにエベレストを頂点としたヒマラヤ山脈を一望でき、とりわけ世界第三の霊峰カンチェンジュンガの姿は、町の中心部からジープで30分ほどの距離にあるタイガーヒル山頂からの眺めが最高とされる。インドの人々はもちろん国外の観光客も夜明けに合わせて聖なるご来光を仰ぎに集まる。タイガーヒルという名から想像するに、かつては虎（ベンガルタイガー）が住んでいたのかもしれない。

今世紀に入る前、１９９０年頃の出来事である。初のダージリン訪問の際、このタイガーヒ

［左］タイガーヒルの展望台（1989年）と、［右］展望台から眺める名峰カンチェンジュンガ

ルをメンバーとともに4時起きで訪れ、山頂の展望台でご来光を待っていた。すると大勢の人ごみの中から

「Butterfly（チョウチョ）……」

と言う声が気のせいか聞こえてくる。声の方をよく探してみると少年が、いや小柄の青年がなにやら蝶の標本らしきものを持って関心のある観光客を探し売ろうとしている様子である。さる高名な蝶研究家が長い年月をかけ、このタイガーヒルに何度も訪問滞在し、珍蝶テングアゲハの食餌植物の特定と生活史解明を成し遂げたと言う事は知っていた。いつになく胸の高鳴りを覚えた私は、カンチェンジュンガのご来光そっちのけで彼を呼び止めた。

「どんな種類を持っているのだい？」

「Yes. Sir!　もっとたくさんの種類を持っているから是非俺の家まで見においでよ」

「ここから近いのかい？」

「うん、すぐそこの家だ」

確かに少し下ったところに、トタン造りのこじんまりした一軒家が見える。

日の出直後のご来光まではまだ30分はかかりそうだが、団体行動中なので一応その旨伝えて、用心しつつも彼の後をついていった。隙間風が、容易に吹き込みそうな木の扉を開けて家の中に入ると、どうやら彼の家族はまだベッドの中で寝入っており「俺の妻と子供だよ。どうぞよろしく」と言いながら、いくつもの箱を取り出して広げて見せた。

「やっぱりそうか！」

ここから先はご想像にお任せだが、大いなる感動と引き換えに、彼に言われるままの希望の値段でのお礼をインドルピーでお渡しした。もしかすると彼ら家族が、しばらくは暮らせる位であろう額であったと思いつつも、展望台まで戻った。あたりは、黄金色に輝くご来光がちょうどカンチェンジュンガ峰を照らし始めた所で歓声が沸きあがっている。まさにジャストタイミング。申し訳ないことに、カルカッタから案内同行してくれているキチル氏は、私を心配してしばらく探していた様子。この時以来、彼は会うたびに、私が消えてしまったこの朝のことを思い出しては、「今度はでかいビートルを準備しておくから、また来なきゃ損だぜ」と、紅茶人のパラダイスに来てまで、インドの方にとっては理解しがたい昆虫趣味に夢中になっていた私をからかうのであった。

素晴らしい紅茶の産地、インドの人たち・インドを旅する人たちのリトリート（静養先）そして美しい昆虫の生息地でもあるダージリンに、また訪れることができますように!!

ダージリン旅行には、ゴージャスなホテルでリトリート気分（都会を脱出する際の避暑地）を楽しみたい。ダージリンタウンの高標高斜面にあるメイフェアホテルのエントランス。（2019年）

ホテルのバルコニーで採れた、かっこいい「ダージリン産ミヤマクワガタ」コレクション。最大8cm近い大きさ。（1989年6月ダージリンにあるシンクレアホテルで採集）

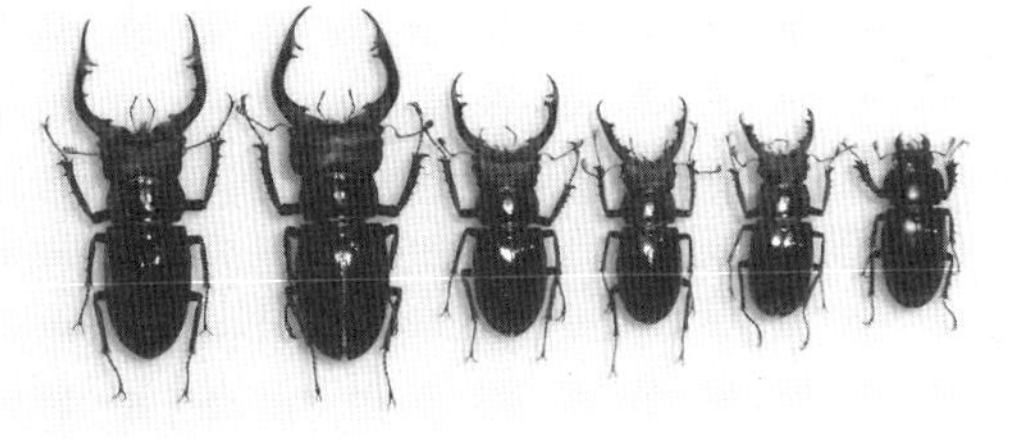

これも同じ場所で獲た大物（蛾）。よく見るとフクロウの顔のようですね

これは綺麗。彼から譲ってもらった思い出の1つで、なかなか採れないという「ピーコック」ことタカネクジャクアゲハの雌♀

紅茶見聞録　その15

青葉の香りと
ダージリン・ファーストフラッシュ

立夏（5月5日頃）を迎える頃までにおきる季節の移ろいは、なぜかとてもはやい。

地下鉄駅を官庁街に沿った日比谷公園入り口付近で地上に出ると、腕時計で時刻を確認する。いつもより少し早い電車なので、朝の暫《しば》しのウォーキングを楽しむことにした。会社まで少しまわり道をして、公園内の木々の姿を観察する。

ケヤキ、イチョウそしてトチノキなど落葉樹の大木は、木肌があらわで寒々しく、クスノキ、スダジイ、マテバシイなど常緑樹の葉は、少し暗くくすんだ深緑色で、どれもじっと眠っているようだ。

ついこの間、瞳に映ったこんな景色が、あっという間に変貌をとげてゆく。

桜の花見も終えた立夏ともなれば、木々はとうに眠りから覚め、日毎に特徴ある萌黄色の若葉を

ウスバシロチョウの吸蜜、2005年5月21日。のどかな晴れの日の東京都武蔵五日市郊外で

吹き出す。そして揮発性の青葉の匂いを発散し、この都会の公園にも漂《ただよ》わせている。

茶の世界に目を向ければ、中国では茶師や茶農が寝る間も惜しんで一年で最も忙しい日々をおくっているはずだ。安徽省《あんきしょう》祁門《キーモン》や雲南省の紅茶、福建省では武夷《ぶい》の岩茶《がんちゃ》、安渓《あんけい》の鉄観音《てつかんのん》に代表される烏龍茶の春茶作りにだ。

さらに西方の紅茶産地、北インドでは、ダージリン、アッサムで春摘みファーストフラッシュが最盛期をほぼ終える。

彼らが求めるものは、第一に他の誰よりも質良く高い香り、そして芳醇《ほうじゅん》で力のある味。そんな作品が出来れば、誇らしい評価に加え、少しばかり豊かな暮らしも手に入る。

緑茶とは大分異なる紅茶の香りの解明は、まるで大海にいる未知で無数の魚の種類を探し当てるがごとく、複雑で難解な謎解き作業なのかもしれない。この課題に挑戦した日本の優れた研究者達によって、次のような事実が次第に明らかにされた。

紅茶には判明しているだけでも数百の揮発性香気成分が含まれる。

その中で、世界の三銘茶に数えられるダージリンやキーモンに共通した香気成分として、**ゲラニオール**（バラの花やベルガモットの香り）・**ベンジルアルコール**（ジャスミン様《よう》の香り）・**フェニルエタノール**（バラの花様の香り）が、比較的豊富に含まれることが分析確認され、報告されている。（＊1、2）

このほか紅茶や烏龍茶に含まれる特徴ある香りとして、**リナロール**（レモンやスズランの香り）・**Z-3ヘキセノール**（新鮮な青葉の香り・グリーンノート）などがあるが、これらの多くは共通した現象として糖質と結合し配糖体の形で、生葉中に存在している。

そして、これらの配糖体は紅茶の製茶工程である萎凋《いちょう》と揉捻《じゅうねん》の際に、特異的な香気生成を行う加水分解酵素（プリメベロシダーゼなど）による糖質の切り離しが促進され、香気成分が遊離する。（＊3）

その結果として紅茶の香り成分が生み出され、香り高い紅茶が出来ることになるらしい。

すなわち萎凋工程（最初に生葉を萎《しお》れさせる工程。呼吸による熱エネルギーの発生と水分蒸散が起きる）や揉捻工程（次に行われる揉《も》む工程。物理的に葉の細胞壁破壊が起き、様々な酵素反応が促進される）で、いかに酵素と基質の遭遇度合いを程よく高めるかが、高品質紅茶を作る技術者のノウハウであり、腕の見せどころとも言えそうだ。

ちなみにウーロン茶の産地福建省では、一般に茶師達は、これらの秘伝の工程を見せたがらない。

また、前述の**ベンジルアルコール**（ジャスミン香）・**フェニルエタノール**（バラ花香）に加え、スリランカのウバ紅茶に特有な、**サリチル酸メチル**（サロメチール香）などの芳香物質は、芳香族アミノ酸（ベンゼン環をもつアミノ酸）の一つであるフェニルアラニンが前駆体となって生成されるルートが考えられるという専門家の見解もある。（＊4）

ファーストフラッシュの魔法

北東インド・ダージリンの場合、通常は三月の初めから四月末くらいまでが、ファーストフラッシュの生産時期となる。雄大なヒマラヤ山脈に繋がる厳しくも豊かな大自然は、このダージリンの一番茶に、生命感漲った魔法のような香気を育ませる。

ここ数十年もの買付け動向で顕著な現象として、ドイツがダージリン紅茶の最大の買付国となっており、特にこのダージリンのファーストフラッシュは特に人気となっている。世界中の紅茶会社のバイヤーは、紅茶買付けのハイライトとしてシーズン前から事前注文を入れ、それを受けた茶商たちは、前年の品質評価をベースに気候・茶園の最新情報をもとに、狙いをつけ調達戦略を練っている。時期ともなれば、先行して予約した世界中のバイヤー達が、しのぎを削って良品の確保に走るのである。結局は、毎年の実績で築き上げた信頼関係とコミュニケーションがものを言い、買い付け結果にも反映する。

二十一世紀に入ってからは、継続的に気象変動の影響が現れており、特に早い芽吹きで3月上旬には茶摘と製茶が始まれば、3月中には世界のバイヤーのもとへサンプルがエアー便で届けられる。途中、日本の早春同様「寒の戻り」で中断したり、逆に稀に4月一杯順調な良品の生産が続きホッとさせられることもある。しかし良品は常に品不足で多くは直接取引きなので、ほとんどがソールドアウト（売り切れ）となる。その結果、ファーストフラッシュ後に出た芽から作る僅かな望みの遅れ一番茶とでもいえるのが「バンジー」であるが、中途半端な品質で大切な香りの点で劣り期待外れという話をよく聞く。カルカッタオークションに出されるのは、売れ残ったほんのわずかな量だけである。この人気の秘密は、第一にダージリン新茶としての純粋な魅力が大きい。もう一つの魅力として、ダージリン同士のみならずセイロンミディアムグロウンやアッサムCTCといったポピュラーな紅茶に一つまみ、1～2割をうまく混ぜれば面白いほどに、ビビッドでフレッシュな紅茶に変身させる不思議な力である。ダージリン紅茶の時だけ高く評価されるこの青葉の香り、この比類なき生命感の息吹を感じさせる香りを、是非お試しあれ。

とはいえ、世界最大の紅茶生産国兼消費国であるインドの人たちは、生産量が限られ値段も一桁高いダージリン紅茶より、圧倒的に生産量が多いアッサム系の紅茶を好んでミルクと砂糖を加え、インドチャイとして飲んでいる。ある年、カルカッタへの出張で、取引先紅茶企業の社長であるダットさんを最上階にある社長室に表敬訪問した。

"Welcome. Tanaka san, which do you like better, Assam or Darjeeling?"

「ようこそおいで下さった。田中さんは、アッサムとダージリンどちらが好きですか？」

単刀直入に、いきなり来た。紅茶サンプルのテイスティングをして、あなたはどっちがいいと思うかとプロフェッショナルに聞かれた際は、いいものをしっかりと判断して答えることができなければ、見下されてしまうのがこの世界のしきたり。

私は、インド人の最もたくさん飲んでいるのがアッサム紅茶であり、かつ実にミルクに合うまろやかなコクを思い浮かべて、即座に答えた。きっとダットさんも、頷くと期待して。

"I like Assam."

と。すると間髪入れず、

"I like Darjeeling!"

［上］気さくで楽しいインド紅茶業界の大物が揃うパーティーで。インド紅茶のすべてを熱く語ってくれるオーソリティー達だ。後列右から３人目の風格ある大柄の紳士ダットさんは、往年のハリウッド映画スターのディーン・マーチン似で
［下］華やかで美しい奥方達も出席

とダットさんがおっしゃった。出鼻をくじかれたことを今も思い出す。こんな質問ってありですか?と言いたくなるが。

ファーブル先生との空想の昆虫記対話

ワイン好きのフランス人には、動脈硬化・脳梗塞・心臓血管疾病の発症率が、同様の肉食が多い食生活の米国などと比べて少ないという疫学調査に基づいた現象を、「フレンチパラドックス」と呼んでいる。赤ワインにはレスベラトールというワインポリフェノールが含まれておりこれが、効果物質として近年では老化防止効果の物質であるところまでわかってきている。紅茶にも、テアフラビンとさらに大きな分子量のテアルビジンという紅茶ポリフェノールが豊富に含まれている点で、抗酸化効果や活性酸素消去などの効果があり、同様な心臓血管系疾患への予防効果が期待されている。かの有名な昆虫学者のファーブル先生に、夢の中の南フランス旅でお目にかかったところ、こんなことをおっしゃっておられた。

「なんでもイギリス人たちは、植民地の印度《インド》でTeaなるものをどんどん生産しては、ロンドンに運び込んで盛んに飲み始めているようだが、わしにとっては、このローヌ川沿いで出来るワインが健康で長生きの秘訣じゃ」

「次々と新しい研究課題に取組んでは、執筆を精力的に続け、91歳まで生きられた先生がおっしゃるのですからごもっともなことです。でも先生、それはなぜでしょうか？」

「紅茶には、ポリフェノールが豊富でなにやらワインに似た香りの紅茶もあるそうだ。自国でワインができず簡単に飲めない英国人は、紅茶で我慢せねばならぬとはお気の毒なことだ。しかしわしはバントゥー山目指して登り始めるときなど、パンとにんにくを刺して焼いた羊の腿《もも》肉《にく》で腹ごしらえし、油付けの黒オリーブやアンチョビを肴に、コート・ドゥ・ローヌのワインで、ごくごくやる。そして一息入れて元気をだすのだ」

「それは、結構贅沢《ぜいたく》で味の濃い食事ですね」

「いやいや、ここでの暮らしは至って質素なものだよ。55歳を過ぎ、セリニャンに自宅を構え、昆虫記にある様にアナバチやジガバチの想像を超えた高度で精密な行動を、繰り返し観察しては、新たな事実に惹きこまれる。すなわち子育てのために蜂の種ごとに異なる獲物の神経節に針を命中させる麻酔術や、高度な営巣・産卵術をこの目で見て、彼らの本能を詳《つまび》らかにする事ほど面白いことは無い」

「ところで日本では、蛹《さなぎ》で越冬し、今の時期に年1回だけ美しい姿を現す〝春の妖精・Spring《スプリング》 Ephemeral《エフェメラル》〟（春のつかの間の命の意味）と呼ばれる蝶が出てくるのですよ」

「例えば、あの綺麗な日本特産のギフチョウだね。クモマツマキチョウならフランスでも結構たくさん見られるよ。彼女たちは、自分が決めた種類の植物にしか産卵しない」

春の妖精、クモマツマキチョウ。本州の高山蝶でもある。ヨーロッパでは、Orange Tipと呼ばれている。（左♂右♀）

「その植物特有の精油成分即ち香りの成分を触角や前足で十分に確認してから、卵を産むのですね。いろいろな茶の香り成分に惹かれる人間よりはるかに厳密な営みですね」

「何も賢いわけではなく、種として生き残るために、それ以外のことを行わないように本能がそうさせているのさ」

「今流に言えばプログラムされているってことですか。ところで最近は、人里の近くで虫採りや昆虫観察をしていると面倒くさいことがありますね。何か金銭的価値があるものを探していると思われるらしく、通りすがりの人に〃何が採れるんですか？〃なんてね。先生は、南フランスではいかがでしたか？」

「確かに道ばたで実験をするのは、易しいことではないよ。私も葡萄畑の近くの地面に巣を作ったアナバチの観察では、畑の泥棒と疑われたり、〃お気の毒に、少し頭が変なのね〃と葡萄摘みの女性たちに囁《ささや》かれたりしたものだよ」（＊5、6）

などと、ファーブル先生からはいろいろお教え頂いた。お陰で、今シーズンもますます意欲が湧いてきた。

のどかな陽気に誘われて、虫たちも動き始めていることだろう。

心躍らせてくれる春の妖精達に早く会いたいものだ。

［上］1989年4月山梨県富沢町で採集した♀から高尾山産のタマノカンアオイに産卵させて、飼育、翌春羽化したギフチョウ（左♂右♀）。その後ロンドン訪問時、同じ標本を英国自然史博物館に寄贈
［下］タマノカンアオイ、ギフチョウの食草

紅茶見聞録

Column 4

カフェインは、ほどほどがコンフォートで心地よい

最初から、紅茶主成分の化学構造の話になって恐縮だが、渋みと綺麗な紅茶色のもとになる紅茶ポリフェノールのグループと異なって、眠気を覚ますことで知られているカフェインの化学構造はずっと小さくできているため、飲んだ後、胃や小腸で吸収されやすく血管中に容易に入って体中を巡るそうだ。

コーヒーやお茶を夜に飲むとなかなか眠れなかったという経験をした方は多い。これは、カフェインの生理作用によることは良く知られている（覚醒効果）。また、多量のお茶を飲んだ時に、頻繁にトイレに行きたくなる利尿作用も誰もが知っている現象だ。

カフェインが有するその他の効果として、血液中の脂肪酸濃度を高め、ジョギングなどの有酸素運動時に筋肉中でのエネルギー源としての活用度を高め、結果としてエネルギー代謝量をアップさせる作用があることを報告している研究が複数ある。例えば、マラソンランナーが競技中に水分補給するドリンクとして、紅茶をベースに調合し

飲用するケースがあるが、実際に持久力につながる効果を実感するランナーがいる。メインの糖質由来のグリコーゲンに加えて、体脂肪に由来する脂肪酸をもエネルギー供給源として活用することができれば、パフォーマンス向上につながると考えられている。

そんな研究報告が広まってきた背景の1988年ソウル五輪を前にした時期、若手のポジティブ思考の社員から開発機運が高まり、紅茶ベースのスポーツドリンク（商品名NITTOH TEA ATHRETE）の商品化が行われた。業界内では大変注目を集め、流通からも高い評価で、缶飲料発売とともに大手コンビニエンスへの飲料陳列ストッカーのフェースに一斉に並んだ。その缶デザインは、筋肉質のアスリートのボディーを印刷したものだったが所謂尖がったコンセプト商品で、最初の販売動向を示すポスデータでも上々の滑り出しであった。しかし新製品好きの消費者の購買が一巡すると、ターゲット消費者である一般の飲料ユーザーからの継続購買の動きが認められず、残念ながら1年後には市場から姿を消した。

カフェインは、比較的小さな分子であり飲み物などで飲用摂取されると消化管内の小腸などで容易に吸収され血中から血液循環で体内広く行きわたる。茶の主成分でありより大きい分子量のポリフェノール類とは異なり、血液-脳関門をも通過し中枢神経系にまで到達し作用を示すことが確認されている（＊1）。そして腑に落ちる大変興味深い作用機序として、次のようなメカニズムが示されている。つまり体内にある中枢神経の興奮性神経伝達物質の制御をカフェインが妨害するので、その結果カフェインの摂取は、中枢神経興奮増加に働くと考えられるらしい。つまり眠りに入るのを妨げるということだ。これはカフェインの神経系に対する作用のほんの一部に過ぎず、交感神経や副交感神経が体内で筋肉・臓器・循環器系や血流などをコントロールするなかで、カフェインは多面的に様々な働きを有することがわかってきている。

心地よい眠りにつくために

カフェインの健常人における体内での半減期（体内に残る量が半分になるのに要する時間）は、2～3時間から長くて4～5時間程度ということで、いずれ時間とともに体外に排出されることになるが、コーヒーや紅茶で眠れない経験をされた方は、自分に許容できる範囲の濃さや飲用杯数を覚えておくのが良い。ちなみに、私個人の感覚をご紹介すると、意外なことにコーヒーを夕方以降にしっかりとコーヒーカップ1杯飲むと、就寝時に寝つきが良くないことが多いのだが、ミルク入りの紅茶であれば、夕食後の飲用でもさほどの就寝妨害はないようだ。むしろ落ち着いた気分で眠りに入れる気がする。

ちなみに、日本標準食品成分表（2020年版）によれば、浸出液100ml当たりのカフェイン含有量は、コーヒー60mg、紅茶30mg、煎茶20mgとあり、1杯当たりのカフェイン量はコーヒーが紅茶の2倍となっている。また、ミルク入りで飲んだ場合には、カフェインもたんぱく質と結びつきやすく遊離のカフェイン量が結果的に減るため、その作用は穏やかになると考えられる。ですから、寝る前に寝つきが気になる場合にはミルク入りにされることが、気休めかもしれないけれど安心。

なんて、カフェインのことを中心にスポーツにおける紅茶による運動機能への効果を考えていたところ、最新のビッグニュースが入ってきた。それは、紅茶の主要な高分子ポリフェノール成分の画分（ＭＡＦ：ミトコンドリア活性化因子）に、なんとすでにマウスを使った経口投与による動物実験で、脂質代謝の亢進や血糖値低下といった人間で言えばメタボリックシンドロームの改善に寄与する効果に加え、運動における持久力の向上を示す結果が得られていたのだった。いよいよ人に対する試験も期待が膨らんでくるところだが、ここから先はこの研究を実際に行われた沼田治氏の著作（＊2）を、是非ご一読願いたい。今度は、マラソンランナー向けではない、持久力アップ、脱メタボの万人向けヒットも夢ではないかも。

紅茶見聞録　その16

インドネシア紅茶は、ジャワティー

「ジャワティーって、インドネシアの紅茶なの。あの味いいね」

「飲みやすいし、食事の時や、のどが渇いたときなどいつでもいけるね」

「インドネシアのコーヒーは、知ってるけど紅茶もあるの？」

ご存じの大手飲料メーカーが長年に渡って、製品名「ジャワティー（JAVA TEA）」を盛んにプロモーションしているのは有名だ。

インドネシア紅茶を一言でいえば、飲みやすいスッキリした紅茶ということになる。軽めの渋みと柔らかいコク、そして濃い目の紅茶色の水色、ティーバッグのベースにも向いたお茶でもある。

かつて20世紀末頃までは、インド・ケニア・スリランカに次ぐ紅茶生産量の世界ランキングでインドネシアは第4番目が定位置の主要紅茶生産国だった。現在は中国・トルコ・ベトナムに抜かされてその順位を下げてしまい、第7位となっている。

インドネシアという国は、広大な赤道直下の東シナ海の東西5000kmに大小なんと14000もの島々からなる大国で、人口も2億6千万人を超え、日本の2倍以上。

国民の90%はイスラム教徒。観光リゾートとしても人気のバリ島は、インドと同じヒンズー教の島である点は面白い。イスラム教では豚肉禁止。ヒンズー教では牛は神様なので食べてはいけない。従って鶏料理は、大変人気で好まれている。

有名な大きな島が4つあり、西からスマトラ、ジャワ、カリマンタン（ボルネオ）、スラウェシ。その東にこれもとても大きな島であるニューギニア島があり、西のインドネシア領と東のパプアニューギニア（独立国）を南北の国境線が通っている。

お茶の生産は2つの島に集中しており、生産量最大はジャワ島で全国の75％以上、残りがほぼスマトラ島となる。お茶作りの始まりはインドネシアのジャワ（今のスラバヤ）からで、歴史的にはオランダとの交流が始まり茶の植栽は1600年代で早かったものの、うまくはいかなかった。18世紀頃よりジャワ島はオランダ東インド会社のアジアの拠点となり、既に交易がある中国からの茶樹も入って来てはいた。結局、19世紀末に漸くセイロン（スリランカ）からアッサム種茶樹が持ち込まれることによって、茶産業が確立し紅茶の大生産国になっていった。

ジャワ島では標高800mの都市バンドンから入ってゆく産地の茶畑は、標高1800m以上まで分布しているので、紅茶の味と香りの特徴もスリランカのハイグロウンやミディアムグロウンに通ずるスッキリとした味わいが特徴である。かつては「土壁臭」とも言われ、やや土臭い味わいのものがインドネシア産紅茶の特徴とされていたが、現在は大分洗練された香味のいわゆるジャワティーが中心だ。一方スマトラ島産の紅茶は、茶葉の外観色はBlack Teaらしく黒味が強く、ややストロングタイプで濃厚でヘビーな特徴がある。

近年の茶生産量は14万トン程で、紅茶が10~11万トン、緑茶（ジャスミン茶も含む）が3万トン程、紅茶と緑茶の両方が生産消費されている国だ。中国系の人たちも多く住んでいることからも、このように紅茶緑茶の両方を飲む消費構造は納得できる。聞くところでは、紅茶にはミルクは入れずに、ストレートまたは砂糖入りで飲むのが普通のようだ。

幻のインドネシア・マリノ茶園

写真は一見セイロン島にも見えるが、スラウェシ島にあった（今もある）紅茶園で、ジャワ島でもスマトラ島でもない。

2000年代に入った頃の一時期、成田からガルーダインドネシア航空の便で、ジャワ島のジャカルタ経由または、バリ島のデンパサール経由で度々スラウェシ島の玄関口の都市マカッサルに行っていた。

「インドネシアに業務で行く場合には、国営航空機を使うことが当然。襟を正しての入国であることを示すことになり、それはビジネス上のあるべき姿勢である」

と、事情通で戦前派の関係者大久保さんに聞かされていた。ジェット機に乗ってしまえば、日々の日常業務からは解放される。しかし行けば行ったで、現地で新たな諸問題を知ることになるといったやや複雑な出張であった。

写真は一見セイロン島にも見えるが、スラウェシ島にあった（今もある）紅茶園で、ジャワ島でもスマトラ島でもない

「〝Selamat pagi（スラマッ　パギ）〟おはよう」
「〝Selamat siang（スラマ　シアン）〟こんにちは」

茶園内でここの人達とすれ違う時、そして目が合う前に、こちらから声をかけるようにしている。

普段は穏やかだが、この島の人たちはセレベス気質といわれ、元来気性が荒い、「自分がやられれば、〝目には目を歯には歯を〟の考え方通り……仕返しとして、刃物で切りつけてくることもあるのでそのつもりでいるように！」と冗談で脅かされていた。

でも今日は、皆がこの日を心待ちにしている月に一度の給料支給日。茶園の人たちは、心持ちにこやかな表情で茶園内から外の道路に通じている道を帰路についていく様子であ

る。正門から出た先の外の道路では、海から運んできた魚（マカッサル特産の魚や私たちも知っているサバのような魚などがあった）やら、雑貨、菓子、衣類などの露店が続き、賑やかに地面を売り場にして彼らに掛け声をかけている。

ニットーマリノ茶園は、インドネシアのスラウェシ島のマリノ村という高原にあり、立ち上げから15年を過ぎ、あと数年で20年を迎えようとしている。その頃まで、会社は海外紅茶生産拠点として維持してきている。原料部門の担当として、自社の唯一の紅茶園に来ているところ。

南十字星の美しい満天の星の高原で紅茶園造りが始まった。

どの星が南十字星なのかわからないままに、言われてここから夜空を眺めての感想は、

「こんなに沢山の星が３６０度の天空に散りばめ

られて見えるのは、正に遠い異国ですね」

ここではスリランカハイグロウン紅茶の銘茶のクオリティーを目指して、開墾と茶樹苗の新植が開始されていた。

会社の技術系トップで世界の各生産国の実情を知る紅茶オーソリティーの松田さんは、考え抜いた末、夢の実現に向けた決意を下し、会社としての経営決裁を経た自社紅茶園の立ち上げへとつながるドラマがスタートした。

日本のキーコーヒーによる一大事業として長年育てられてきた銘品トアルコ・トラジャコーヒーも同じスラウェシ島のトラジャ地方で生産されている。

一生にそうそう巡り合うチャンスは少ない茶園造りというチャレンジングなプロジェクトに対して、正に洋酒メーカーのS社の創業精神としてもよく知られる「やってみなはれ」的な精神が、他の経営陣からの後押しを得たのであろう。ともかく自社茶園経営実現に向けた決定が事実となった。世界の紅茶生産量は限りがあるので、欧米やロシア・中東などの需要が年々増加していることもあり、徐々に国際価格が上昇してゆくという読みもあった。社内から中長期での経営に貢献する茶園つくりに向けての特命を受けたNさんの現地調査と、インドネシア資本も組み込んでの合弁会社としての下地作りに続き、現地駐在者派遣による茶園経営が始まった。果たしてこのポジティブな決断が、本当に経営に貢献する紅茶園となって、後の経営美談となるのか？　はてまた、想定外の苦難の結末を招くか？

スラウェシ島出身者が中心のかつてのマリノ茶園の社員たち

初代の現地駐在として30歳前の海外指向Ｉさんが、若い奥さんと幼いお子さんの家族を呼んでの最初の4年程の駐在期間中は、茶園面積を増やすための新たな茶樹植栽と現地従業員への紅茶製茶指導と製茶実試験。

第2代目の現地駐在のＴさんに引き継がれると、農業分野での夢の海外駐在ということで、正に水を得た魚のごとく、現地従業員とのコミュニケーションも高まり、茶畑の拡大充実・紅茶生産実績が向上してきた。そして、紅茶生産の本場ジャワ島バンドンへの定期的製茶技術研修派遣と成長を期待させる展開の時期に入った。

その間、日本に聞こえてくる現地状況は、茶園従業員たちによる誇りある茶園の一員として将来の夢につなげたいという、そしてやる気あり賢い幹部社員たちと現地の生活のために彼らなりに、ほどほどのまじめさと熱心さで努める人たちは、うまくかみ合って茶作りが進んでいる様子である。聞くところによれば、住民のためにマリノの街中に、自分のポケットマネーでイスラム教の礼拝堂を建設寄贈し、大変な人望も得ているとのこと。貨幣価値が異なるとはいえ、現地思いゆえの凄い行動と感心しきりである。

そして数年の任期の後、やはり海外での農業指導経験がある3代目の駐在のM氏へと引き継がれていった。

茶園つくりのエピソード
ジャカルタ空港での出来事

品質の良い紅茶を作るには、品質の良い原料茶葉が生産されることがスタート。従って素性の良い紅茶品種の茶樹が必要となる。当時の最新技術でもあった組織培養による苗を用いた茶樹栽培のチャレンジも行われたのである。シンガポールにあるインド系バイオ企業P社より、スリランカ品種の組織培養苗（＊写真参照）を持ち込むことになり、ジャカルタ空港経由ウジュンパンダン空港（現在のマカッサル）に運ぶ業務に小生も参加した。

紅茶品種の組織培養苗（シンガポール）

当時は、ジャカルタ国際空港での税関職員は、手荷物検査などにおいて何かと言いがかりをつけ、小さな見返りをねだるような係官がいて、上手に切り抜けなければ非常に苦労することがあるとのことだった。現実に起きたジャカルタ空港での出来事だが、同行してくれている商社のジャカルタ駐在のKさんが、大声でゆっくりと〝MONEY?!?!〟と叫んだ。それも語尾を上げるような聞えよがしなイントネーション。

「いやいや。彼らが小声で、金をよこせ。と言っていたので、大声で皆に聞こえるように言ってやったのです」

と税関職員は、急に何もなかったように静かになり通ってよしという合図である。

気まずくなるととぼけるのは、共通のようで思わず、静かに「やったぜ！」

今回は経験豊富なKさんが、同行してくれたので助かったが、植物検疫申請を行っていない茶の培養苗のことで突っ込まれると下手して没収などということになれば、計画台無し寸前のところであった。

茶園での人々の暮らし

ほとんど現金収入がなかったと聞かされていた山地の田舎の村に、日本企業が来て茶園従業員への給料の支払いから、少ないながらも村の貨幣経済がスタートした。うまく紅茶の生産と販売流通システムが、構築されてゆけば、現地の地方経済の活性化のために貢献できることになる。確かに茶園経営がスタートしてから村の人々には、従来にない活気が見え始めていると聞く。賃金の支払いが行われる会社ができるということ自体が、現地の社会にとっては、革命的な出来事であったのだ。

給料日のマリノ茶園の人々は和やかなムード

現地パートナーとマカッサルの経済

現地合弁会社のパートナーは、スハルト大統領の信任を得た軍人であったナウィンさん。表敬訪問でお目にかかった際は、市内の威厳ある邸宅で暮らされていた。イスラム社会の英雄ゆえの慣習で複数の奥さんを持っていたらしい。大手製紙会社での製材事業の一環で始めることになる茶園事業の開始に関わられた大久保さんからお聞きした。

後にナウィン氏の長男のダルマ氏は、日本の大学を卒業していたが、現地経営パートナーとしての役職を引き継ぎ、マリノ茶園のコミサリス（いわゆる監査役だがインドネシア企業では大変重要な役員）として現地側経営陣に入ることになる。

ウジュンパンダン⇒マカッサルは、他の地方でのインドネシア経済とも共通するようだが、華僑の中国人が経済力を握っているため、時に国内の反感が元の騒動が起きていた。万一現地暴動などが起きた際の現地日本人会の脱出計画先は、国内線で飛べる隣の島バリ島であったそうだ。

余談だが、マカッサル市郊外には、バンティムルンの滝として、人気の景勝観光地があり、蝶の宝庫としても有名で昆虫研究家が訪れるスポットになっている。こんなこともあり、私自身は実は毎回のマリノ茶園出張を楽しみにしていた。厳しい上司がいれば、叱られそうだが。

やがて21世紀に入り、しばらく経営継続していた茶園だが、第一次産業の事業化のための経営黒字化は、人的資源も限られた日本の大手企業にはなかなか難しいことが多く、最後は、採算性の企業判断となかなか難しい現地労働問題で事業撤退とならざるを得なかった。

バンティムルンの滝に行けばやはり蝶の群れがいた

マリノ紅茶のクオリティー

マリノ茶園の紅茶は、よく知るジャワティーともスマトラティーとも全く異なる。言ってみれば、乾季のクオリティーシーズンには、スリランカのヌワラエリヤに似た味わいのマリノティー。

あれから10年以上経つが、そのあとはどうなったのか?

ふと思い出したように気になってスマホで調べてみると、美しい観光農園として、現地マカッサルの一流ホテルのリゾート観光先として紹介されている。さらに現地から伝え聞いた情報では、経営者がその後もう一度代わった後に、マリノハイランドと称し、レストランを持つ絶景の観光サイトとしての運営が行われていることを知った。

結局それで良かったのか？

いまさら言っても仕方がないが、そもそも、茶園の経営というのは日本のサラリーマンではどう見ても難事業だったのではないだろうか。儲けようとして手をつける事業ではなく、赤字覚悟で利益以外の具体的なメリットを描いたサステイナブルなビジョンがなければ、続けられるものではなかった。まさに長期展望を持ってこその経営維持ができるわけで、経営者が代わるごとに方針が揺れ動くようでは、続けられるはずもない。しかしできるならば、現地の重要な産業として現地化につなげることが理想であった。

直後には、関係者達が最初に描いた夢は結局実現に至らなかったことへの落胆と同時に、申し訳ないながらもこれ以上傷を深めることがなくなった安堵が入り混じった年月が続いた。

しかし今、だれもの記憶から薄れてゆきつつあるこの幻の茶園事業に関わられたインドネシアと日本のすべての方々が、汗水流して、夢に向かった約20年間のご努力に対して、

「Terima kasih atas kerja kerasnya.（テリマ　カシ　アタス　クルジャ　クラスニャ）

あなたが一生懸命にしてくれた仕事に感謝します」と言おう。

複雑な気持ちが交錯するが、あの時の茶の木は今も生命を保ち根付いていること、そして永

遠の緑の絨毯が未来に続くよう、新しい世代のスラウェシの人々に、もっともっとマリノのTEAで楽しんでもらうことを期待することにしよう。

2005年頃のマリノ茶園、急斜面にまで茶樹の植栽は見事に行われている

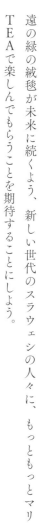

紅茶見聞録　その17

世界の紅茶人、
紅茶は人を優しくする

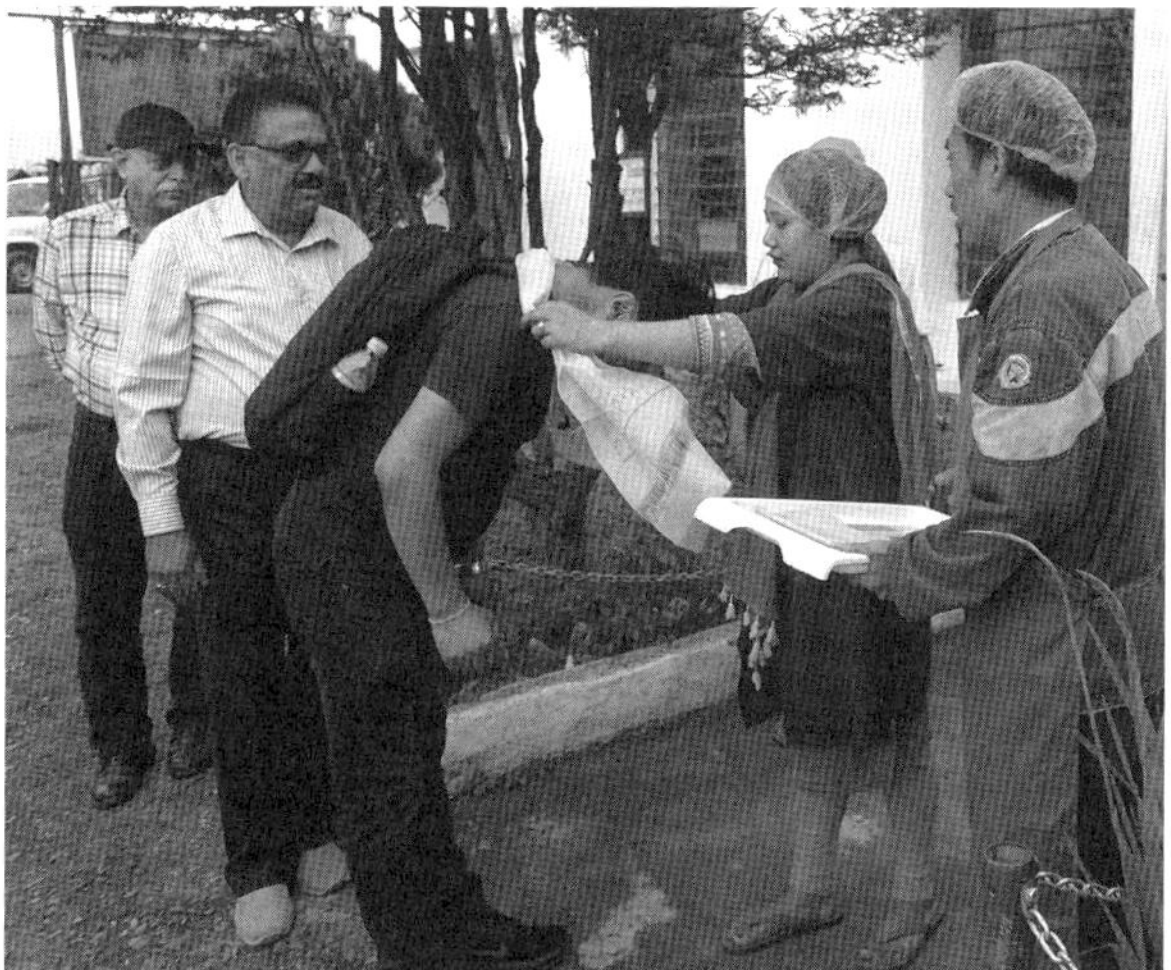

紅茶に関わり巡ってきたいくつもの国々で、紅茶そして広くお茶をビジネスとするたくさんの人たちと知り合うことができた。皆例外なく親切で心温かい人たちである。

かつて年齢が二回り（12年×2）も上の先輩から「インド人は、実に商売人で取引になれば、いわゆるダメもとの考えでより高い値段で売りつけようとするから気を付けるように！」などと言われたものだが、私としては、これまでビジネス上のやり取りで、後悔するような思いを経験することは無かった。この点は、自信をもって言える。

数多くの経験を通じ冷静に思い返すならば、こちら以上に頭の回転が良く相手の希望を察してくれて、顧客満足に徹し、洗練されたコミュニケーション力のある人たちであるように思う。それゆえ取引相手を十分に納得させる優れた人たちであったのだろう。

新たなビジネスや取引を始めたり、さらにそれを大きく発展させるといった商売上の期待で、初めだけ親切にしてくれた訳では決してない。実際に長年の時を経た今でも自分同様に歳は取ったが、彼らの心からの温かいお人柄は、全く変わらない。

ここに、一つの命題がある。さて、あなたは、どちらが正しいと思うか？

A　紅茶は、それに関わる人を優しい人にする。

B　優しい人だけが、紅茶の世界で生き残ってゆく。

エピソード　世界のティーマン達のお人柄

ここで、世界のティーマン達の人となりがわかるエピソードをいくつかご紹介したい。

インドの夜のパーティーで

インドの紅茶ビジネスの中心地コルカタ（カルカッタ）では、訪問の度に日本から来た外国顧客への歓迎パーティーが、現地シッパー（茶商）の社長宅などで開催される。きっと商売上はライバルなのだろうが、競合する紅茶会社が何社も呉越同舟で同席されるケースもあり、ご夫人も同伴で出席され、まるでセレブの社交界の様相でもある。夜の7時ころから始まり、最初の約2時間位は、英国式というのかビール、ウイスキー、ワインなど好きな飲み物を手にもっての言わば立ち飲みでの歓談タイム。ナッツ類やサモサ等のインドスパイスの利いた揚げ物系スナック類を、同時に薦められる。

ご婦人たちは、お互いに楽しそうに挨拶をしながら椅子席で顔見知り、いつものお仲間で集まって、くつろいでいる。一方、インドの紳士たちは和やかな雰囲気で業界が同じ誼《よしみ》で歓談し、まず椅子に座ることは、しない。そして私たちゲストを飽きさせることなく、「ようこそ、インドへは何度目の訪問ですか?」とか、私自身相手は初対面の人かどうか自信がないとそれを察してか、「あなたとは、以前にもお会いしていますよ」などと気さくにコミュニケーションを取って下さる。

私たちの方も、最近のインド経済や都市の発展状況、食べ物をはじめとする生活の話からスポーツ、映画、趣味、もちろん紅茶のことを聞いたりしながら楽しみつつ過ごすうち、アルコールが少し回ってくれば、下手な英語でも気兼ねなく話が進んでゆく。そんな時に、インドの人たちは、こちらの意図を本当によく理解して聞いてくれる。その親切な心意気にいつも頭が下がり感心する。そして、夜9時を過ぎるころになると漸く、家庭ごとに工夫を凝らしたスパイシーなインド料理の数々とライスやナンなどの主食、サラダ、フルーツ、スイートなデザートが並べられ、おいしいディナータイムが来る。そしていつもお先に戴くことになる。

「タナカサン、どうぞ召し上がれ。今晩は、あなたが大切なゲストなのだから……」そして、夜は更け深夜になってゆく。

心が通じて世界は一つを実感するパーティーが、なんともうれしく思い出される。

インド・ダージリンなどの茶産地訪問では

紅茶の産地に行くとなれば、自分にとってわからないことは、「まかせなさい」という感じで、何から何までまるで痒い所に手が届くようにいつの間にか解決している。インドをはじめとする各産地訪問の際の道路状況や訪問ルート・交通手段・スケジュールつくりなど素晴らしい下準備と現地アドバイス。キチルさんなどは、行く前の質問にはパーフェクトな満足度の情報で親切に詳細な説明をしてくれた上、いつもダージリン行きでは現地同行、カルカッタまでの帰りの国内線も付き合ってくれてしまう。通常は、カルカッタ⇓バグドグラ（ダージリンの最寄り空港）への国内線で行くが、カルカッタ⇓ジャリパイグリ（ダージリンへの鉄道駅）間を、一晩かけての夜行列車の旅も「一回は、乗ってみるといいよ」のノリで面白い経験。寝台車のベッドに座り、膝を詰めてインド弁当を食べながら笑い話を聞いて過ごした時間は、楽しい思い出。

インド人特有の人の好いところが出て、もちろん俺も付き合ってあげるよ的な旅になる展開がしばしばある。

インドは広いので、地域ごとにアプローチは異なるけれど、南インド各地、アッサム州などの茶産地訪問でも、実際問題、ほとんどの場合初めての我々が勝手に行けるところではないので、現地事情を心得た道先案内人が必要になるのは同様である。

スリランカ（セイロン）の優れたティーマン達

スリランカで、国内最大の輸出産業である紅茶業界の仕事をしているということは、大変名誉なことに違いない。スリランカの紅茶業界の人物には、洗練された自信ある紳士の物腰で感心させられる。セイロン紅茶を好む日本はもとより、欧米・中東・ロシアなど世界中で長い信頼関係を保ってビジネス構築している。先にも記したが、ニューヨークの同時多発テロ事件後のタイミングでコロンボに到着したのだが、小生のスーツケースが結局積み込まれていなかったのだ。困ってしまったが、どうせパスポートやカードなどの貴重品以外なら、差しあたっての必要品は買えばいい。と明るく慰めてくれ、翌日以降に使うパンツなど下着類やワイシャツの購入に付き合ってくれたアレックス氏。数日後のスーツケース発見と引き取りまでの追跡交渉をしてくれた彼には、いまでも会えば感謝の念。どんな時も何らの不安を感じさせない、クールな明るさ。

また、かつての仕入れ先シッパー（茶商）の社長を務めていた人がスリランカの紅茶業界内、大手ブローカーのトップにいることを知った。同社HPの経営者欄を見てである。私自身の異動などでスリランカに行く機会が無くなるとともに双方の通信が途絶えていたが、10年ぶりに私から送ったメール1本で、直ちに昔通りの雰囲気で交流再開したデメル氏。こちらからの突然の問い合わせにも即座に、大変わかりやすく正確な情報コンテンツを送って頂き、コロナウイルス禍でのセイロン紅茶市況について情報を得ることができた。など、インドとまた違った角度で、素晴らしい人物が他にもいろいろ。

米国・英国からの二人の紳士と新幹線内で楽しい車内宴会1時間

英国系紅茶企業の二人が来日、日本の蒸製緑茶の製造工程と製茶機械を視察に静岡牧之原の茶産地に来訪した際、東京への帰りの新幹線で宴会開始。静岡駅に着く前に、1号線沿いのスーパーで、静岡特産の練り製品や珍味のおつまみ、ポテトチップなどと缶ビール・ワンカップ清酒を買い込み指定券の車両に乗り込む。二人掛け席を対面にして早速、乾杯！　まさに仕事を終えたひと時の一杯、楽しいことは万国共通である。私がにわかガイドとして同乗したこのお二人は、実に明るいキャラで紅茶ポリフェノールの化学者で専門家のイケメンDr．ボンド氏、そして米国現地法人社長でポール・ニューマン的な渋い風貌のマッケイ氏でともに映画に出てきそうな印象。話が弾むのは、イギリス・アメリカ・日本と国は異なるが、ともに紅茶のビジネスに関わっている同胞の安心感に包まれてか、他愛もない馬鹿話に花が咲いた1時間であった。

日本の茶産地視察の仕上げも、あー、楽しかった。

“What a memorable trip to Shizuoka today!”（今日の静岡小旅行はとても思い出深かったです）と思っていただければ、こちらもIt's my pleasure.（どういたしまして、こちらこそ）と、東京駅での握手で再会を期しお別れした。

こんな感じの人たちで最近では、過去に仕事を共にしたティーマン達と、メールやSNSによって、容易に情報交信ができる環境となった。インド、スリランカのみならず、イギリス、ドイツ、中国、台湾など、思いついたらすぐにスマホから、

Dear ＊＊＊ san,

How are you today?
で始まるようなコミュニケーションが、通じる人たちだ。

優れたティーマンに共通するパーソナリティーとは？

そこであらためて考えてみたのが以下の10か条

1　人柄が良い……温かいハート。

2　頭が良い……頭の回転が良く、機転が利く。

3　理解力……こちらの考えを先回りして考えられる。

4　サービス精神……行動力がある。自己犠牲、大変なことも買って出る。

5　説明力・説得力……誠意を感じるわかりやすい説明。

6　判断力……Go or Not to go?　困難な問題に直面しても、冷静に前向きな判断をする。

7　顔立ち良く、いい男（女）……顔の作りというより、明るい笑顔が印象に残っている。

8　家族を愛する……愛する家族を持つ。妻（やや恐妻家）と子供たちに恵まれている。特に両親への感謝と尊敬の念を持つ。世界共通のことだが。

9　スポーツマン……若い頃、一流選手として活躍した人は大変多い。例えばインドなどでは、クリケットやテニスをなど、盛んなスポーツで。

10　洗練された社交性……グルメでおしゃれなユーモアのある紳士が多い。

実際に仕事を通じて縁が深かった人たちのうちで、顔と名前そして人柄が浮かんでくるおよそ20名の世界の茶業界のティーマン達のリストを作ってみた。すでに現役引退された方から、現役でもシニアクラスの方が中心となるが、ほとんどの人はティーテイスターでもある。

手元の人名録をもとに、一人一人の印象深かった場面を思い起こし、右の10の条件に当てはまるかどうかを、独断で考えてみた。結果は、現地で親切にされたよしみも大いにあろうが、この10の条件のほとんどに、当てはまる人が多い。手前味噌とはいえ、紅茶人の世界ではこれらの優れたパーソナリティーつまり人間的要素のそれぞれについて、私の目からは該当者であると感じた。正に、世界のティーマン達は、エクセレントな共通点を有している。

そして、最初の命題にもどると、

A　紅茶は、それに関わる人を優しい人にする。

B　優しい人だけが、紅茶の世界で生き残ってゆく。

どちらも、正解。しかしこの命題の結果が証明されるには、人生1回分の時間がかかる。

人は、いつでもハッピーというわけにもいかず、気分が落ち込むときもあるだろう。

そんなときは、お気に入りの自分の好きなこと、得意なことを思い出そう。

そして好きな紅茶My Favorite Teaを入れて飲もう。

そうすれば、人生は悪くないどころか、楽しいのだから、とティーマン達は言ってくれているような気がする。紅茶人の見聞録として、紅茶を飲む人はなぜか皆優しくなるという真理に辿り着いた。

人間誰でも、一生のうちには、山あり谷あり、楽しいこと悲しいこと、嬉しいこと辛いことが、まるで人それぞれの順番に廻ってくるのは避けられない。

しかし紅茶好きには、自然と辛いことも乗り越えるgentle and lovelyな人生が切り開かれ続いて行くことに違いない。なぜなら私の知る世界のティーマン20人以上で実証されているのだから。人を幸せにもする茶人天国の境地を目指すのも悪くない。

紅茶見聞録　その18

世界の紅茶事情
伸び続けるティー

地球上で水についで多くの杯数が飲まれている第2の飲み物が紅茶である。日本人の我々には、俄かには信じられない事実かもしれない。なぜなら、日本人は紅茶の他にもっとたくさん飲んでいる飲み物として緑茶やコーヒーなどをすぐに思い浮かべることができるから無理もない。だが地球全体の消費量から計算すると、2020年時点でお茶全体の年間生産量は約600万トン、そのうち紅茶はおよそ55％の約330万トンの年間生産量となる。ティーバッグなどで使われる1杯（1ティーバッグ）当たりの紅茶は、大体2gだから計算上は、お茶全体で、年間3兆杯。紅茶については、1・65兆杯。

一方、きっと最大であると思われているコーヒーについて同じ計算をすると以下のようになる。

世界のコーヒー（生豆）の年間生産量は、近年約1，000万トンで、この数字自体は確かにお茶全体を超える重量であるが、コーヒー一杯当たりに使われるコーヒー豆は生豆換算約10gなので、年間飲用杯数は、1兆杯となる。総杯数比較では、お茶全体の約3分の一、紅茶の3分の2弱で、意外なことにコーヒーの方が少ないことになる。

地球全体での年間の飲用杯数を上げても、ピンと来ないが、世界の人口を77億人（2019年概数）として、一人あたりの年間飲用杯数にしてみると以下のようになる。

2020年、一人当たり1年間の飲用杯数（推定）。
・お茶全体　390杯　・・・（紅茶、緑茶、茶の木から作ったその他のお茶含め）
・紅茶　　　214杯
・コーヒー　130杯
地球上のすべての国々の赤ちゃんからお年寄りまで含めた一人当たりで、なんと214杯もの紅茶が飲まれている計算である。

2019年の世界の茶の総生産量616万トン中、第一位は中国の280万トン、第二位はインドの約139万トンで計419万トンとなり、なんと世界の3分の2以上はこの2国で生産していることになる（以上、2020年日本紅茶協会調べ）。消費に関しては、最近10年程の傾向として、人口の多いトップ2である中国（緑茶国）とインド（紅茶国）は、ともに生産量を伸ばし続けた分、国内消費量も伸ばしており、輸出量すなわち他国への供給量の増大には貢献していない。世界第三の茶生産国ケニアが紅茶輸出量の増加に最も貢献しているが、中東各国・ロシア・パキスタン・トルコ・エジプトほかの北アフリカ諸国が、大変な量の紅茶消費国となっている関係で、年々生産量をいくら上乗せしても地球上の紅茶在庫量は増えず、蓄積されてはいないのである。

世界で紅茶を飲む人の飲用量は、経済成長とともに増え続けている。嗜好飲料であると同時に、生活必需品すなわちコモディティーでもあるのが紅茶である。

お茶は、紀元前の昔から中国で飲まれてきた長い歴史を持つが、こと紅茶については17世紀ころの中国でやや発酵度の高い最初の紅茶とも言えるボヒー茶からより品質の高まったコングー茶（工夫茶）として、オランダを通じイギリスに運ばれ人気の飲み物として、発展してきた。緑茶に比べれば、比較的歴史の浅い嗜好飲料である。それがなぜ今21世紀になっても、生産拡大が続いているのか？　現在一人当たりの消費量が伸びているのは、伝統の紅茶国であるイギリス・アイルランド・アメリカ・カナダ・オーストラリアなど欧米諸国ではない。インド・パキスタン・トルコ・ロシア・エジプト・リビアなど地中海沿いのアフリカ諸国やアラブの紅茶好きの国々が経済の成長発展とともに、ガンガン飲んでいるといった状況である。まさに人類は、紅茶が大好きなのである。何でもありで、どんな飲み物選びにも不自由しない飽食の日本人には、理解しにくい状況かもしれない。

とにもかくにも、この紅茶見聞録で、世界の紅茶好きや紅茶通の片鱗からもっと紅茶を飲むヒントを知っていただき、さらに紅茶とともに人生を豊かに歩んでいただけたなら、この本を世に出した私にとっても望外のよろこびである。

ちなみに、日本人一人当たりの年間紅茶消費量は、近年は平均およそ120g〜150g程に落ち着いており、世界平均の一人当たりの年間紅茶消費量430gにはるかに及ばないのもまた、信じられない事実である。

紅茶好きの皆さんには、オーマイガー！ですね。

紅茶見聞録
Column
5

ウイルスと紅茶ポリフェノールの関係は？

元来、茶葉の新芽に特に多く含まれている茶特有のポリフェノール成分であるカテキン類は、昆虫（ウイルスや病原菌の宿主）、細菌や他の微生物などの外敵から茶樹自身を守るための防御物質として生成され含有されているのであろう。そしてもし元気に生育中の茶の若葉が、外敵に噛みつかれたり風雨で破れたりしたら、その空気に触れた傷口から病原菌やウイルスが侵入しないようにより強力なガードが欲しいはずだ。そこで茶葉中の酸化酵素（ポリフェノールオキシダーゼ）が働き、防御物質を創り出す。それこそが、紅茶ポリフェノールなのではないか。植物だって、無意味に特有の成分を造って蓄えているわけではない、きっと自己の防御戦略の産物のはずだ。

紅茶の抗ウイルス性らしき現象が発見されたのは、１９７０年頃以降のことのようで、その発端は日本の国立茶業試験場におられた岡田文雄さんという研究者であった。試験場を定年退官後に筆者のいた紅茶会社に招かれ入られたのでお会いする機会があり、その貴重な経験談を熱く語られたことを思い出した。カテキンが２分子つながってできる紅茶のポリフェノール成分のテアフラビンには、タバコの葉にモザイク状の被害をもたらすタバコモザイクウイルスを抑える作用があることを、岡田さんが発見し研究論文(＊1)として発表されている。多くの研究者は、茶における常識的な研究フィールドを飛び越えたこの発見には驚いたのではないか?

しかし岡田さんは、その筋のアンテナのような感性が人並外れていたようで、自分の推論が確信に変わった実験事実を淡々と示されただけだったのかもしれない。その後20年近く経って、緑茶や紅茶でのインフルエンザウイルスへの抗ウイルス作用が期待され、中山(幹男)、原らの研究と実験で、そのインフルエンザウイルス不活化の効果が、初めて試験管内で実証された。しかし、人で実際にインフルエンザウイルスを感染させる危険を冒して、成分の抗ウイルス効果試験をすることは、医学倫理上できないことになっている。そのため現在までに行われている紅茶とウイルスに関する実験は、一部の動物実験を除き、主に試験管内での実験なのである。

判明した事実は、インフルエンザウイルスに対して、紅茶の成分がウイルスの活動妨害を仕掛けるらしい。といってもウイルスは、生命体ではないのだが。毎年のように変異して流行の型が変わってゆく。100年前のパンデミックで有名なスペイン風邪のH1N1型、1968年に流行した香港かぜのH3N2型、ソ連型(H1N1亜型)など同じA型の中でも無数に変異が起きている。型が変わった場合でも、培養細胞への感染価を調べるプラーク法によるインビトロ（試験管における）試験で顕著な抗ウイルス性（感染力阻止効果）が示された。簡単に言えば、茶ポリフェノールには、たんぱく質との結合性があるので、ウイルスの表面にあるスパイクのたんぱく質に取付いてしまって、ウイルスが細胞に感染できなくしてしまうらしい。

インフルエンザウイルスの表面はエンベロープと呼ばれるウイルス特有のタンパク質と宿主由来の脂質二重層からなる膜に包まれ、そこに2種類のたんぱく質であるHA（ヘマグルチニン）とNA（ノイラミダーゼ）というスパイクが多数、存在している。これらのうち細胞への侵入の先陣となるスパイクであるヘマグルチニンに対して、テアフラビン（4種類あり、抗ウイルス力に差がある）が結合し感染力を失くしてしまう効果があると考えられている。紅茶ポリフェノールであるテアフラビンには、ウイルスのエンベロープ膜にある脂質に対して分子間結合する可能性もあるらしく、別の中山（勉）博士らによる研究が行われている。

早合点せぬよう注意しなければならないのは、インフルエンザウイルスの感染は、鼻や気管などの呼吸器内面で起きるので、口から紅茶を飲んでおけば感染予防ができるということではないという点である。

中山幹男博士曰く、インフルエンザに罹った人が、紅茶を口に含んでおけば、口の中から飛沫として吐き出されるウイルスを減らせる可能性があり、他人への感染を広げにくくすることは期待できるのではないかとのことである。もちろんマスクは、しておこう。

実は、すでに2002~3年に、中国広東省から感染・発症が始まったSARSが猛威を奮い恐怖に陥れた際、多くの死者（約800名）を出したが、このウイルスはコロナウイルス科に属するRNAウイルスであって、新型コロナウイルスと分類上同じグループである。台湾の研究者などが、720もの自然界にある化学物質についてウイルス増殖にかかわる酵素3CLプロテアーゼの阻害活性の有無を調べた。その結果は、2つの物質に強い阻害活性が認められた。そのうちの一つが紅茶ポリフェノール成分であるテアフラビン・TF2B（4種あるテアフラビンのうちの一つ）であった。これも試験管実験の報告ではあるが、発酵（酸化重合）した茶に生成される成分である点が興味深い。（＊2）

さて、世界中がパンデミックで苦しめられてきた肝心の新型コロナウイルスには、紅茶ポリフェノールは抗ウイルス力があるのだろうか？

期待が持たれるところである。国内のある医学系研究機関で2020年11月に、ある注目される報道があった。それによると紅茶葉の抽出液を用いて、インフルエンザの時と同様の試験管実験であるプラーク法で、感染価を減少させる効果の有無を調べたという発表であった。その内容によれば、紅茶液が新型コロナウイルスの感染力に対して不活化効果を持っているといえるほどのものではなく、インフルエンザウイルスへの効果とは異なる結果であったようだ。

紅茶ポリフェノールによる抗ウイルス効果のメカニズムは何なのかという点については、紅茶ポリフェノールとたんぱく質の結合性に基づくと考えられてきた。この結合性は、大分昔から確認されてきているが、ミルクに含まれる乳たんぱくが紅茶ポリフェノールの抗ウイルス性を消してしまうと推察されている。とすれば、乳たんぱくがたっぷり入ったミルクティー好きなご仁も、気休めながら時々ストレートもおり混ぜて楽しむのも、ヘルスコンシャスな飲み方かもしれない。まだまだ未解明の現象がほとんどともいえるウイルスに対する紅茶ポリフェノールの効果については、今後の科学的な研究に期するところが大きい。意外にも事実は小説よりも奇なり。ということもありうると、日々想いが沸き上がる昨今である。

紅茶見聞録　その19

世界の歴史を動かすTEA

中国種茶樹のインドへの流出は、アヘン戦争の頃に起きていた。

中国福建省は烏龍茶の本場である。そしてその発祥の地である武夷山は世界遺産にも登録され、巨大な岩山の山系と九曲とも言われ縫うように流れる美しい渓流からなる絶景の自然がある。そこで造られる烏龍茶は岩茶といわれ並び称せない香りと味の世界がある。武夷山の絶壁の岩肌には、その起源となる大紅袍の原木が今も生命力を維持している。

烏龍茶の取引の中心地である福州や厦門には中国を代表する福建省の茶葉公司があって、よく出張したものだ。そちらの茶人たちも、ビジネスは大切だが、第一に人と人とのご縁を大切にされる心の広い大陸的な方々である。福州、厦門といえば今や凄い経済発展を遂げた太平洋岸の大都市だが、そここそが有名なアヘン戦争の舞台の一部となったところでもある。温暖な大陸南部にあり洗練されたパラダイスのような厦門港の岸壁から太平洋を見渡した時、そんな恐ろしい過去の歴史があったとはなかなか想像できなかった印象だったことが思い出される。

紅茶が原因で世界史上の重要な史実につながった2大事件として、先に記したボストン茶会事件（1773年）とアヘン戦争（1840年）の二つが必ず挙げられる。

ともに英国が大きく関わった出来事だ。ここで、アヘン戦争の顛末はご存じのことながら、おさらいしてみよう。18世紀の後半の時代、イギリス国内ではすでに石炭による鉱工業や綿織物工業を中心とした産業革命（18世紀の終盤から19世紀の初めにかけた時期）を経験し経済力は増大し続けていた。19世紀に入るとお茶（紅茶）は、イギリスで庶民にまで浸透し大人気の重要な消費物資となっていた。栄華を誇ったヴィクトリア女王の時代（在位1837－1901年）に入る前で、まだ植民地での紅茶生産は始まっていない。お茶の唯一の輸入国である中国から

［上］世界遺産の武夷山
［下］武夷岩茶の最高峰である「大紅袍」の原木は、手の届かない岩場に数本だけ今も根を張って生きている。昔、僧侶がサルに岩山を登らせ新芽の葉を取らせて茶を仕上げ、その効果を知る青年が皇帝に献上、病の皇后に飲ませたところ、見事に回復したことから、この木に紅の袍を掛け守るように指示されたことが名前の由来とのことである

厦門港（上1991年、下2003年頃）

買付けた紅茶に対する対価の支払いのために使っていた銀が底をつき、対中国への貿易赤字が次第に拡大し、それによってイギリス経済は危機的状況に陥っていた。一方、自ら世界の中心であると考えている大国中国は海外との貿易は望んでおらず、紅茶を積極的に買ってもらいたい訳でもない。それほどまでに欲しがるなら恵んであげているという姿勢である。イギリスとしては、できるならば自国の生産物である綿織物を輸出したいのだが、中国側はそんな物は欲しくもない。こともあろうに中国内でアヘンを吸飲する風習が一部にあることに目をつけ、植民地のインドで製造したアヘンを中国にも輸出しイギリスは巨額の利益を得ていた。つまり産業革命の軽工業の産物である綿織物などをインドに輸出し、その代わりインドから入手した途方もない量のアヘンを、中国への茶の支払いに充当するという言わば3国間貿易である。今度は貿易額の立場が逆転し、アヘンに対する支払額の激増で清国の銀の保有量が激減してしまった。当然のごとく中国内のアヘン吸飲者は増え、中毒患者は莫大に増加。吸飲者根絶に向け、アヘン吸飲者は死刑に処すという厳しい措置を発するも、広州でのアヘン貿易を止めなければ、時の清王朝の滅亡にもつながりかねない事態になっていた。大義をもってことの解決に立ち向かう決意が認められ大臣に任命されたのが林則徐であった。本気でアヘンの売買と吸飲の禁止に向け取り締まりを行い、外国商人の在庫没収の上、海岸の池に投棄・廃棄を執行。その重量なんと1425トンとある。1回に使うアヘンの量は与り知らぬが、仮に10gとすれば、1トンで10万回分。1425トンとなれば、1億回分を超えるという天文学的な量である。中毒者が蔓延し、国家が揺らいでしまう量であろう。茶を分け与えるという恩に対し、アヘンを売りつけるという仇で返すような行いの、イギリスには断固として態度で示したのだ。

これがきっかけで、イギリスによって仕掛けられた、どう見ても道理を外れたアヘン戦争が勃発した。

圧倒的に進んだ戦力や軍艦を持つイギリスは、陸上戦で苦戦しつつも開戦2年後の1842年に勝利し、清国との間で南京条約を柱とする不平等条約を締結した。これは中国にとっては大変不自由且つ不利益な内容で、

1．150年間にわたる香港島の割譲
2．賠償金2100万ドル（アヘンの損害賠償だが、今の価値にしたらいくらなのだろう？）
3．広州、福州、厦門、寧波、上海の5港開港（福州、厦門は、ともに福建省）
4．その他貿易自由化、領事裁判権（治外法権）、関税自主権喪失、上海の一部の行政権喪失

などの不平等な条件の数々で、今なら国際世論が許さないところであろう。

それから後の清国は、最後の皇帝ラストエンペラーの時代まで、屈辱的な半植民地状態ともいえる辛い時代を送ることとなった。

英国のプラントハンターによるインドへの茶の木の持ち出し

中国がアヘン戦争というかつてない難局に陥っていたほぼ同時期に、これまで英国向け需要に対して中国だけが頼みの綱であった茶の栽培を、植民地であるインドでもできないものかと英国東インド会社は、模索しつつ実行に移していたのである。このことこそはその時代背景のもとで英国が熱望する最大の重要命題であった。その実行部隊の中心人物はスコットランド生

プラントハンターのフォーチュンは、福建省のミン江という大河を遡上して武夷山まで向かったとのこと。筆者の最初の武夷山訪問の際は、福建省の省都福州から、鉄道で南平（ナンピン）、建欧（ケンオウ、水仙烏龍茶の名産地）経由で１日がかりで辿り着く旅であった。現在は世界遺産の武夷山には空港ができ、あっという間に到着する。写真は、若かりし頃の筆者

まれのプラントハンター（植物採集家）であるロバート・フォーチュン（1812〜1880）である。彼は、中国人特有の辮髪（頭の周囲を剃った上で中心部のみ長い髪を残し縛る髪型）で怪しまれぬよう変装までして、中国における最高の品質の烏龍茶産地である武夷山から門外不出の茶の木と種をこっそりと持ち出していた。そしてインドのカルカッタまで届けていたからである。アヘン戦争によって疲弊した中国内でどさくさにまぎれ、茶樹の国外持ち出しというスパイ的なアクションを働いていた驚きの行動力ある英国人がいたのである。その前にブルース兄弟がアッサムで茶樹の発見があったのだが、紅茶生産性の高いアッサム種茶樹を増やしてゆくことで、直接的に地域や国を跨いでの植栽面積を拡大

してゆく必然性があった。それに加えて、単独では熱帯地方での栽培には向かないが、香味品質の優れた特徴を持つ中国種を交雑させることによって、中国種茶樹の遺伝子を導入していった結果として、他地域でも素晴らしい紅茶の誕生が続いて行く。すなわち南インドのニルギリ紅茶、スリランカのウバ、ディンブラ、ヌワラエリヤをはじめとする特徴あるクローナル紅茶（中国種遺伝子を導入した名品）の誕生へとつながっていったのだ。彼の功績は、現代のグローバルな紅茶産業発展へのブルースと並ぶ価値あるものであるといえよう。

紅茶見聞録 最終章

紅茶旅とは、実は紅茶自身が大陸を歩み海路を渡って行った旅でもある。

2021年時点で、地球上でともに13億以上の人口を有する中国とインドは、そろってお茶を愛する2大お茶飲み国（インドは紅茶・中国は緑茶など）である。

中国は、お茶の大きな力を紀元前から世界で最も長い歴史の中で一番よく理解している国である。この一国だけで世界の半分近くを生産し、その種類については不発酵茶の緑茶から後発酵茶のプアール茶までと最も広い品揃えで、多岐にわたってのお茶好きが暮らしている国である。消費のメインは釜炒りの緑茶であるが、最近では紅茶の生産消費も年々伸ばしている。中国では、お茶を一緒に楽しみ、そして食の楽しみを無限ともいえる広がりに増幅させてしまう。

それに続く茶生産量世界第2位のインドは、アッサム種の発見から2世紀を経た現在、紅茶生産量と紅茶消費量では、圧倒的なトップを独走状態だ。この2大国に加えて紅茶といえば外せない多くの国々を巡り、世界史を動かすお茶が絡んだ2大事件（ボストン茶会事件とアヘン戦争）ゆかりの地も辿ることができた。そんな自分なりの紅茶旅をして、ハッと気がついたことがある。実は、紅茶の国に私より先回りして旅をしていた主人公は、茶の木そのものだったのだ。私自身は、旅の中で見てみたいという自らの期待感とそこから得られた知見を多くの紅茶好きの人々にも体験してもらえたらという深層意識が、確実にあった。そんなモチベーションのもと途切れる期間はあったものの、結局数十年にわたる紅茶の旅を重ねることになった。しかしその前にこの地球上で壮大な旅をしてきたのは、当然のことながら、実は中国種とアッサム種という2つの異なるルーツを持った茶の木たちであったということに、気がついたのである。

紅茶の文化ともいえる飲み物としてのおいしさや楽しさは世界の人々の暮らしを豊かにしてきたとともに、心身の健康にも深く関わってきた。人生100年が当たり前の長寿社会ゆえの様々な健康問題に加え、相変わらずウイルスに翻弄される現代である。茶そして紅茶のこれからの時代の旅路には、おいしさに加え人々の健康に貢献してゆく新たな可能性の発見を期待できるに違いない。

紅茶見聞録　あとがき

　三井農林株式会社で総務部長をしておられた松尾さんが社内の紅茶文化雑誌を創造すべく『茶人天国』の編集発行人となったのが、2003年のことであった。お誘いを頂き書き始めた「紅茶見聞録」が、この本の前半にある内容の元原稿になっている。松尾さんは、水を得た魚そのもので、文芸・編集の才を遺憾無く発揮されて第10号の発刊直前まで静かに『茶人天国』の読者ファンを増やし続けていた。結局、経済状況もあったことだろうが、社の都合で休刊。その後定年でご退職後、大変残念なことにあっという間に他界されてしまった。それから10年以上も経過して、今も紅茶の世界に居続けている筆者が、今回本の刊行までこぎつけることができたのは、天国の松尾さんからの声なき励ましもあってのことと思っている。

　大学を卒業して入社した会社は、日本の紅茶産業史において製販両面において中心的な役割を担ってきた日東紅茶製造元の三井農林であった。今から思えば入社志願するにしては、社会人意識が幼稚な若者だった。ビール会社や製薬会社などしっかりとした学生を求める大手企業で入社試験がうまくいかず、今一つ就職活動へのモチベーションが下がりつつある中でも、捨てる神あれば拾う神あり。この会社には、たまたま少数の立派な大学の先輩がすでに活躍されていた。財閥系農林会社で、伝統だけは超一流だが、儲からない山林不動産を抱えている。食品事業への革新的な取組みは好調ながら、一次産業分野での財務内容がなかなか好転しない紅茶会社に、久しぶりに入社志願者の後輩が来たことで、情けで拾ってもらったような入社だと思う。農芸化学科が専攻学科で、いわゆる技術系枠での入社であったが、入ってみれば、そこでの仕事はどっちに向いても初めての経験でワクワクさせられる体験が続いた。世界の紅茶を直接原産国から買付け調達しながら安定した品質のブレンド紅茶を作って販売するのが中心部門におけるいわゆる本業。だが入社当時から成長事業部門で儲けも大きかったのは、本業の紅茶部門より飲料部門であった。

成長著しい清涼飲料商品の開発を担当したのち、コーヒー・ココア・果汁・香料、砂糖や液糖などの糖類、乳製品、等の飲料製品の副原料や金額が張る飲料缶などの飲料容器いわば原材料の仕入れ先の会社との取引、自分が組み立てた製造処方を実製造で立ち上げる新製品の製造立ち合いなど、紅茶ビジネスを担当する前に給料をもらいながら、楽しく未知の世界の業務知識を学び且つ広げさせてもらうことができた。よくあるパターンだが取引先の方々と時々の付き合いから、会社の大小とともにいろいろな人生があることを知る。そして大志として思い続けてきたのはこの会社をもっと大きな会社にして、人生を大きく作り上げようなどという深い思いで、充実感溢れる毎日を送っていた。思い返せば、時代は金融・不動産などがもたらした未曾有のバブル全盛期を横目で見ながら、食品業界は地味で着実な産業として歩んでいた。バブルが弾けた後の頃になって、この業界にも不思議な勢いが巡り来て茶飲料の全盛期へと入って行った。
＊ウーロン茶ドリンクの誕生と中国福建省との交流開始。
＊紅茶飲料市場の誕生拡大。
＊急須で飲む緑茶市場の低迷と缶・ペットにつながる緑茶飲料市場の爆発的な成長。
その時代の波に乗りビジネスにつなげたいとのプロ意識を持ちつつも、この世界に入ったからには、世界の紅茶生産国と消費国をできるだけ出張訪問してこの目で見てみようと心の底で常に考えていた。

そして、そこから得られたユニークな見聞を自分の人生のアイデンティティーとして本にできたら、読んでいただける方々にとっても面白いのではないかと思い続けた結果がこの本の出版につながったことになる。

多くの紅茶好きな方々に読んでいただければ、目的達成。

幻冬舎ルネサンス新社の皆さんのお力添えもいただき、初の紅茶見聞録エッセーとして世界を駆け巡るユニークな紅茶本として世に出すことができた。読者の皆さまの人生が、紅茶の楽しみとともにさらに豊かに楽しくためになれば幸いである。

参考書籍・文献・論文等

・紅茶見聞録　その1、4、5、12
"All About Tea – W.H.Ukers 1935"

・紅茶見聞録　その4
『茶の世界史』　角山栄　中公新書

・紅茶見聞録　その8
（＊1）"All About Tea – W.H.Ukers 1935"
（＊2）『中国茶の魅力』　谷本陽蔵　柴田書店
（＊3）『三井事業史』　財団法人三井文庫

・紅茶見聞録　その12
"Cornerstones of Freedom – The Boston Tea Party :R.Conrad Stein"
『アメリカの小学生が学ぶ歴史教科書』　ジェームス・M・バーダマン、村田薫（ジャパンブック）
『紅茶の辞典』　荒木安正、松田昌夫　柴田書店
『紅茶をもっと楽しむ12ヶ月』　日本紅茶協会監修　講談社

・紅茶見聞録　その14
"Darjeeling　A History of the World's Greatest Tea :JEFF KOEHLER"

・紅茶見聞録　その15
（＊1）『お茶の科学』　山西貞　裳華房
（＊2）『茶の香り研究』　川上美智子　FFIジャーナルNo．197
（＊3）『茶の機能（共著）』3・2章　渡辺修二、坂田完三　学会出版センター
（＊4）石井 潯氏（高砂香料工業）の御教示による。
（＊5）『完訳ファーブル昆虫記　第1巻上下』　奥本大三郎　集英社

（＊6）『J・Hファーブル－昆虫と語ったプロバンスの聖者』　毎日新聞社

・Column コラム2

『発酵の科学』　中島春紫　講談社

・Column コラム4

（＊1）『カフェインの科学』　栗原 久　学会出版センター

（＊2）『誰も知らない紅茶の秘密』　沼田 治　幻冬舎ルネッサンス新書

・Column コラム5

（＊1）『茶のカテキンと紅茶テアフラビンによるTMV-RNA活性阻害の電子顕微鏡観察』　岡田文雄（茶業研究報告 1989）

（＊2）研究論文 Inhibition of SARS-CoV 3C-like Protease Activity by Theaflavin － 3,3'-digallate (TF3)
Chia-Nan Chen,Coney P.C. Lin etc.　(Evid Based Complement Altenat Med.2005 June PMID:15937562)

・紅茶見聞録　最終章

『紅茶スパイ』　サラ・ローズ著　築地誠子訳　原書房

〈著者紹介〉

田中 哲（たなか さとし）

1978年東京大学農学部農芸化学科卒業。同年紅茶メーカーの三井農林株式会社に入社、本書に記述の通り研究開発、原料購買、海外産地訪問交渉、飲料事業、品質保証など様々な技術系業務に携わり2012年執行役員就任、2017年日本紅茶協会を経て現在に至る。

趣味は、素人ながら楽器演奏（サックス）、生物全般（昆虫から犬まで飼育、園芸）、ドライブ旅行、読書そして紅茶とグルメ。

紅《こう》茶《ちゃ》列《れっ》車《しゃ》で行《い》こう！　Take the Tea Train !

2021年10月27日　第1刷発行

著　者　田中 哲
発行人　久保田貴幸

発行元　株式会社 幻冬舎メディアコンサルティング
〒151-0051　東京都渋谷区千駄ヶ谷4-9-7
電話　03-5411-6440（編集）

発売元　株式会社 幻冬舎
〒151-0051　東京都渋谷区千駄ヶ谷4-9-7
電話　03-5411-6222（営業）

印刷・製本　シナジーコミュニケーションズ株式会社
装　丁　弓田和則

検印廃止

Printed in Japan
ISBN 978-4-344-93736-9 C0076
幻冬舎メディアコンサルティングＨＰ
http://www.gentosha-mc.com/